ERNEST COUSTET

LES RAYONS X

et leurs applications

RADIOTHÉRAPIE – RADIOACTIVITÉ
RADIOSCOPIE – RADIOGRAPHIE

Ouvrage contenant, 11 planches Radiographiques et 76 figures dans le texte

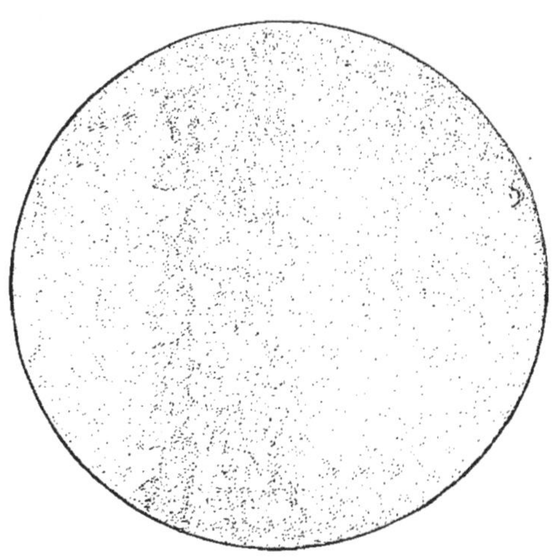

PARIS

LIBRAIRIE CH. DELAGRAVE

15, RUE SOUFFLOT, 15

LES RAYONS X

et leurs applications

Du même auteur :

TRAITÉ GÉNÉRAL
DE PHOTOGRAPHIE

EN NOIR ET EN COULEURS

Deuxième édition, revue et mise à jour.

Un vol. petit in-8°, de 524 pages, illustré de 195 gravures, broché.... 5 fr.
Relié toile... 6 fr.

Traité le plus *récent*, et de prix accessible à tous, qui enseigne les *principes*, les *méthodes pratiques* et les *applications* de la *photographie*. L'œuvre est entièrement *originale*, solidement documentée et consciencieusement mûrie. Tout ce qu'il est utile de savoir sur la photographie s'y trouve condensé.

A. CHAPLET
Ingénieur-chimiste

LES
INDUSTRIES CHIMIQUES
MODERNES

Un vol. in-18, de 415 pages, illustré de 95 figures, broché.......... 5 fr.
Relié toile.. 6 fr.

L'auteur, vulgarisateur en même temps que technicien, a condensé dans ce volume, destiné au grand public, tout ce qu'il est intéressant de connaître des industries chimiques, grandes et secondaires : acides, alcalis, chimie minérale, gaz, matériaux de construction, métallurgie, électrochimie, produits chimiques organiques ; — graisses, résines, colles, matières plastiques organiques ; — industries chimiques agricoles, textiles, etc.

LES RAYONS X

et leurs applications

RADIOSCOPIE — RADIOGRAPHIE
RADIOTHÉRAPIE — RADIOACTIVITÉ

PAR

ERNEST COUSTET

OUVRAGE CONTENANT

II PLANCHES RADIOGRAPHIQUES ET 76 FIGURES DANS LE TEXTE

PARIS

LIBRAIRIE CH. DELAGRAVE

15, RUE SOUFFLOT, 15

PRÉFACE

Vers la fin de l'année 1895, la presse quotidienne annonçait qu'un savant de Wurtzbourg, le professeur W. Conrad Röntgen, avait trouvé le moyen de rendre transparents à nos yeux et à la plaque photographique des corps jusque-là considérés comme parfaitement opaques. On crut d'abord à une mystification. Cependant, quelques jours plus tard, Henri Poincaré présentait à l'Académie des sciences l'image d'une main vivante, avec son squelette apparent. Par ses côtés mystérieux, cette photographie de l'invisible émut le grand public, et peu de découvertes ont eu le privilège d'exciter au même degré la curiosité universelle.

Qu'étaient ces rayons énigmatiques, ces *rayons X*, si étrangement différents de la lumière? N'affirmait-on pas qu'ils étaient arrêtés par le verre, mais qu'ils traversaient sans difficulté le bois, l'aluminium, le cuir, les chairs? Un moyen inespéré d'investigation s'offrait à la médecine et à la chirurgie : un rapide examen décelait immédiatement des lésions osseuses, des calculs formés dans la vessie ou dans le foie, des projectiles engagés dans la profondeur des tissus. On racontait l'histoire d'un pauvre diable interné depuis trois ans dans un asile d'aliénés de Berlin, parce qu'il accusait avec une véhémence obstinée les chirurgiens de lui avoir laissé dans la tête une balle de revolver qui lui causait d'atroces douleurs. Ces récriminations étaient imputées à une idée fixe de monomane, jusqu'au jour où Röntgen aperçut le projectile encastré dans le crâne. Le prétendu dément fut alors opéré et sortit, bien définitivement guéri, de l'hospice où il était resté indûment retenu.

La découverte de Röntgen avait d'autant plus surpris le public qu'il ne connaissait rien des travaux antérieurs. Pourtant, les connaissances déjà acquises sur certains phénomènes provoqués par la décharge électrique dans les gaz raréfiés l'avaient fait pressentir. Pour les physiciens, ce n'était là que la suite très naturelle des recherches de Hittorf, de Crookes, de Hertz et de Lenard. On est toujours tenté d'attribuer tout le mérite d'une invention à une intelligence unique; mais l'histoire des sciences atteste qu'il n'en est presque jamais ainsi. Le plus souvent, le rôle des précurseurs a une importance insoupçonnée de la plupart; leurs études préliminaires ont si bien préparé le terrain que ce qui reste à faire est peu de chose, en regard de ce qui a déjà été accompli, et il n'est pas rare que le dernier pas à franchir soit l'œuvre du hasard : on va voir que c'est justement ce qui s'était produit, dans les laboratoires de l'Université de Wurtzbourg.

Mais, ce qui avait le plus vivement frappé, dans ces expériences sensationnelles, c'est le trouble qu'elles apportaient dans les idées communément admises sur la transparence et sur l'opacité : les pages suivantes montreront qu'en réalité les rayons X ne sont pas plus mystérieux que la lumière ordinaire, et que leurs singularités en apparence si extraordinaires ne sont que la conséquence de l'imperfection de nos sens.

La technique des rayons X s'est merveilleusement développée, depuis ces débuts retentissants. Ses progrès sont dus, sans doute, en partie aux perfectionnements apportés au matériel primitif; mais ils tiennent surtout à l'amélioration des méthodes d'utilisation. L'irrégularité des premiers résultats, les déconvenues inexplicables que subissaient les opérateurs, par-dessus tout les graves accidents provoqués par un maniement imprudent des nouvelles radiations avaient révélé la complexité des forces dont il s'agissait de tirer parti.

« On ne connaît bien un phénomène, a dit lord Kelvin, que lorsqu'il est possible de l'exprimer en nombres. » Et l'on s'était vite rendu compte que pour doser ces rayons encore mal connus, pour en régler à coup sûr l'effet, il fallait leur trouver une unité de mesure qui permît d'en évaluer exactement l'intensité. Une étude plus attentive ne tardait d'ailleurs pas à démontrer que la quantitométrie même la plus précise demeurait impuissante à empêcher des échecs déconcertants, à prévenir des lésions douloureuses, ou même des ulcérations incurables. C'est que les rayons X ne constituent pas une radiation homogène, comme le serait un faisceau de lumière monochromatique, rouge par exemple : ils forment, au contraire, un ensemble complexe de radiations, aussi complexe, sinon plus, que la lumière blanche dans laquelle nous trouvons des radiations douées de propriétés différentes et même opposées. Il était donc nécessaire de distinguer les divers rayons X, comme on distingue les diverses couleurs : c'est le but de la qualitométrie.

J'ai réservé un chapitre à ces méthodes de mesure, quantitatives et qualitatives : on conçoit l'importance qu'elles ont prise, lorsqu'il s'est agi d'employer les rayons X, non plus seulement à l'examen visuel ou à la photographie des corps opaques, mais aussi à la thérapeutique. Les ravages affreux qu'avait occasionnés l'usage inconsidéré de ces radiations avaient rendu les médecins circonspects, et ce n'est que par un minutieux dosage, comme on en use envers certains médicaments toxiques, qu'ils sont arrivés à se rendre maîtres d'un remède à la fois très actif et très dangereux.

L'étonnement qu'avaient causé les expériences de Röntgen n'était qu'un prélude, et des découvertes bien autrement inattendues devaient conduire de surprise en surprise même les esprits les plus indifférents. Ces phénomènes si profondément étranges qu'on ne provoquait d'abord qu'à l'aide d'instruments délicats et compliqués, et au prix d'un véritable gaspillage d'énergie électrique, voici qu'on les retrouvait, spontanément et indéfiniment produits par certaines substances. Et de nouveaux faits surgissaient, qui semblaient de nature à renverser les fondements, jusque-là jugés inébranlables, de la physique et de la chimie. L'étude approfondie de la radioactivité sortait évidemment du cadre que je m'étais tracé; pourtant, il n'était pas possible de négliger tout à fait ce mode de production des rayons X; mais j'en ai limité l'exposé à ce qui se rattachait directement au sujet de ce livre.

Sans laisser complètement de côté les questions théoriques, j'ai plus particulièrement insisté sur la pratique radiologique, sur la production des rayons X et sur leurs applications aux sciences médicales et à l'industrie.

LES RAYONS X

ET LEURS APPLICATIONS

CHAPITRE PREMIER

DÉCOUVERTE DES RAYONS X.

1. — La décharge électrique dans les gaz.

Le passage de l'électricité à travers les gaz offre de curieuses particularités, très différentes suivant les conditions dans lesquelles s'accomplit la décharge. Pour en observer facilement les aspects changeants, dans les milieux gazeux soumis à la pression atmosphérique ordinaire ou progressivement raréfiés, les physiciens se servent de *l'œuf électrique*, représenté fig. 1. C'est un globe de verre ovoïde, traversé par deux tiges de laiton terminées en boules à l'intérieur. Un robinet que l'on raccorde à une machine pneumatique permet d'y faire le vide. Les deux tiges sont reliées aux pôles d'un générateur d'énergie électrique à haute tension, machine électrostatique ou bobine de Ruhmkorff; on les désigne sous le nom d'*électrodes* : celle qui communique avec le pôle positif est *l'anode;* l'autre, en relation avec le pôle négatif, est la *cathode*[1].

Sous la pression atmosphérique normale (76 millimètres de mercure), la décharge se manifeste par une succession d'étincelles vives et bruyantes. C'est un trait de feu mince, rectiligne si les

---

1. Le courant électrique est supposé s'écouler du pôle positif au pôle négatif : de là les noms d'*anode* et de *cathode* donnés aux électrodes + et — (du grec ἀνά, en remontant; κατά, en descendant; ὁδός, route).

1

électrodes sont très rapprochées, sinueux, ou ramifié, ou brisé en zigzags, si elles sont plus éloignées.

Lorsqu'on raréfie l'air, la lumière s'étale. Abria, en 1842, observa sur la boule positive une aigrette brillante qui se prolonge en gerbes, tandis qu'une gaine phosphorescente entoure toute la

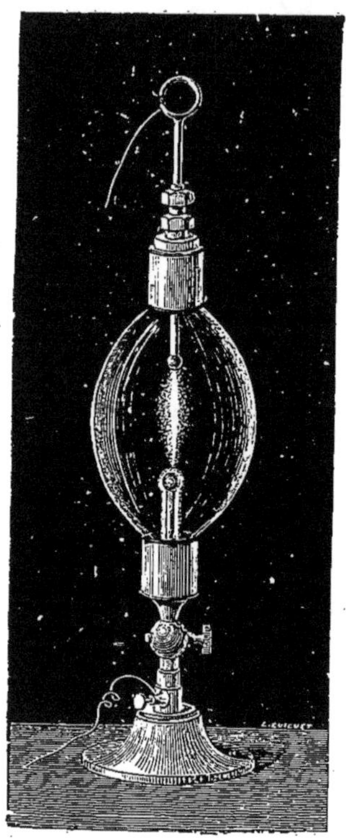

Fig. 1. — Œuf électrique.

cathode, aussi bien la tige intérieure que la boule qui la termine. Cependant, la lumière cathodique n'adhère pas au conducteur : Faraday avait remarqué qu'elle en est séparée par une couche obscure.

A la pression de 60 millimètres de mercure, la décharge se compose d'un certain nombre de bandes lumineuses, de couleur pourpre, dont les unes divergent en partant de l'anode, tandis que d'autres se réunissent à une faible distance de la boule négative. En même temps, la gaine cathodique et l'espace obscur de Faraday s'accusent plus nettement. La lumière anodique offre le même aspect et la même nuance dans tous les gaz, tandis que la coloration de la lumière cathodique varie suivant le gaz dont on avait d'abord rempli l'œuf.

Quand la pression est réduite à quelques millimètres, les bandes se réunissent en une gerbe unique, en forme de fuseau qui part de l'anode et ne touche pas la cathode : celle-ci reste enveloppée de son fourreau brillant.

Plücker, en 1858, poursuivit cette analyse avec le concours du souffleur de verre Geissler, qui construisit pour ces expériences des tubes spéciaux dont on se sert encore aujourd'hui, soit pour étudier les spectres des gaz, soit pour produire des effets lumineux très pittoresques. Les tubes de Geissler (fig. 2) affectent les formes les plus variées et sont souvent formés de plusieurs espèces de verre, qui prennent des aspects différents sous l'action de la décharge intérieure. Le verre est traversé par deux fils de platine ou d'aluminium servant d'électrodes. Le platine est préférable, malgré son prix très élevé, parce que sa dilatation étant la même que celle du verre, il ne s'en détache pas en se refroidissant. La pression intérieure est réduite à environ 1/2 millimètre de mercure, et une petite bobine de Ruhmkorff donnant une étincelle de 1 centimètre à l'air libre suffit pour illuminer entièrement un tube de 15 à 20 centimètres de longueur. On y distingue très bien les deux pôles par leurs aspects caractéristiques : l'électrode positive est obscure et porte seulement à son extrémité un point très brillant, généralement rouge, tandis que l'électrode négative est tout entière entourée de lumière, violacée dans l'air, d'un beau rouge dans l'hydrogène, verdâtre dans le gaz carbonique, jaune orangé dans l'azote, etc. Cette lumière s'étend assez loin de la cathode et se transforme au contact des corps *luminescents*.

Wiedemann a donné le nom de luminescence à la propriété qu'ont certaines substances d'émettre de la lumière à des températures très inférieures à celles de l'incandescence. Suivant la définition du même auteur, la *fluorescence* est une luminescence qui ne survit pas à la cause qui la produit, tandis que la *phosphorescence* persiste un temps plus ou moins long. La fluorescence n'est donc, comme l'a dit Bec-

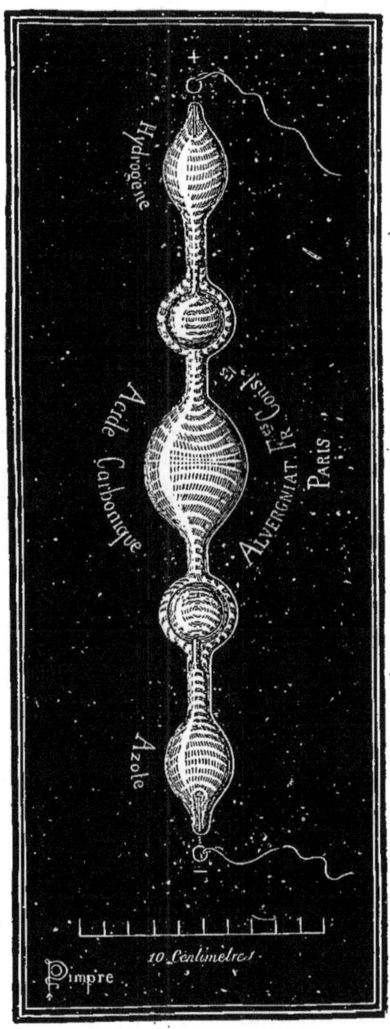

Fig. 2. — Tube de Geissler.

querel, qu'une « phosphorescence instantanée ». Si l'on entoure
le tube de Geissler d'un solide ou d'un liquide fluorescent, comme
le verre d'urane, ou une solution de sulfate de quinine, ces substances s'illuminent et présentent des couleurs caractéristiques.

Hittorf, en 1865, poussa le vide beaucoup plus loin. Au-dessous
de 1/100ᵉ d'atmosphère, la lueur s'élargit jusqu'à remplir presque
complètement la section du tube, mais elle perd de plus en plus en
longueur et en intensité lumineuse : le faisceau qui jaillit de
l'anode n'atteint plus la cathode, et l'intervalle sombre est connu

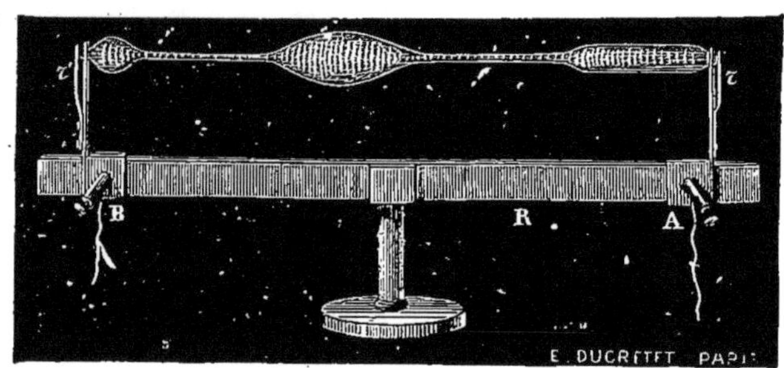

Fig. 3. — Stratifications.

sous le nom d'*espace obscur de Hittorf*. Au contact même de la
cathode, on observe une nouvelle couche de lumière rosée.

Au voisinage de 1/1.000ᵉ d'atmosphère, la lueur qui remplissait
le tube se divise en tranches alternativement brillantes et sombres :
elle devient *stratifiée* (fig. 3). Si l'on poursuit encore l'évacuation,
la zone obscure qui entoure la cathode s'étend de plus en plus et
empiète progressivement sur la colonne lumineuse. Une à une, les
stratifications s'éteignent. Quand l'étoile brillante de l'anode
s'évanouit, à une pression comprise entre 1/100.000ᵉ et 1/1.000.000ᵉ
d'atmosphère, l'intérieur du tube demeure presque complètement
obscur, tandis que les parois du verre deviennent phosphorescentes.

Hittorf avait bien remarqué que son tube prenait alors une coloration particulière ; mais, sans s'arrêter à ce détail qu'il jugeait
d'importance très secondaire, il s'attachait surtout à vérifier si la
décharge continuerait de passer, à n'importe quel degré de raréfaction. Il constatait ainsi qu'en poussant le vide aussi loin qu'on le
pouvait à l'époque de ses essais, l'étincelle ne le traversait plus.

La fig. 4 représente la disposition de cette expérience. L'étincelle qui jaillit aisément dans l'air, entre les pointes P et P', et qui éclaire brillamment le long tube de Geissler T', ne parvient pas à franchir le faible intervalle qui sépare les deux électrodes du tube T, où le vide a été fait aussi parfaitement que possible. Hittorf

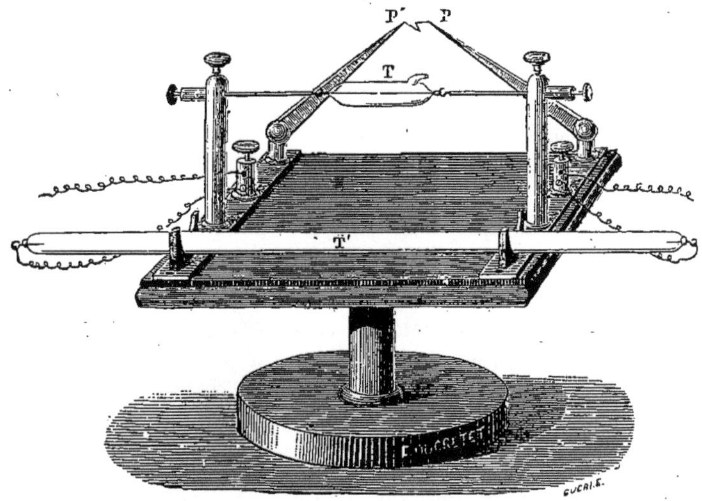

Fig. 4. — Expérience de Hittorf.

en conclut que la présence d'un milieu pondérable est nécessaire à la propagation de l'électricité.

2. — **Les rayons cathodiques.**

En 1879, le physicien anglais William Crookes fit voir qu'aux pressions de l'ordre du millionième d'atmosphère, le résidu gazeux se montre doué de tant de propriétés nouvelles qu'on peut en conclure à l'existence d'un quatrième état de la matière. C'est pourquoi il donna le nom de *matière radiante* aux gaz ainsi raréfiés. Les différences entre cet état et l'état gazeux sont, en effet, plus grandes qu'entre l'état liquide et l'état solide.

Dans l'hypothèse que Crookes proposait à cette époque et que de nouvelles constatations ont conduit à abandonner, ce sont les molécules du gaz raréfié à l'extrême qui, repoussées par l'électricité négative de la cathode, bombardent le fond de l'ampoule et font jaillir, par leurs chocs incessants, ces lueurs phosphorescentes dont le point de départ semble bien être l'électrode négative. De

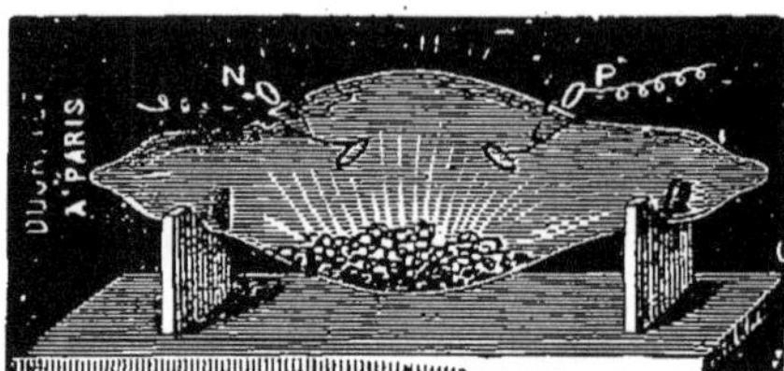

Fig. 5. — Phosphorescence produite par les rayons cathodiques.

là le nom de *rayons cathodiques* que leur a donné M. Philippe Lenard, nom assez mal choisi, nous verrons bientôt pourquoi, mais resté néanmoins consacré par l'usage.

Ce flux issu de la cathode possède à un très haut degré la propriété d'exciter la luminescence. Un simple fragment de craie placé dans le tube de Crookes (fig. 5) émet une vive lumière, d'un beau jaune orangé; le verre ordinaire devient vert, le cristal bleu, le fluorure de calcium violet, et un grand nombre de minéraux prennent un aspect féerique. En disposant dans l'ampoule des substances dont la phosphorescence offre des couleurs différentes, on obtient des effets extrêmement brillants.

Les corps sur lesquels est dirigée la projection cathodique s'échauffent. Un lingot de platine *b* (fig. 6), placé au centre de courbure d'une cathode sphérique *a*, devient rapidement incandescent et finit par fondre. Dans les mêmes conditions, le diamant se transforme en graphite, ce qui suppose une température d'au moins 3.600 degrés. Ces expériences démontrent, en outre, que les rayons jaillissent de la cathode normalement à sa surface : ainsi, le flux émis par une cathode en forme de disque plat aura la forme d'un cylindre,

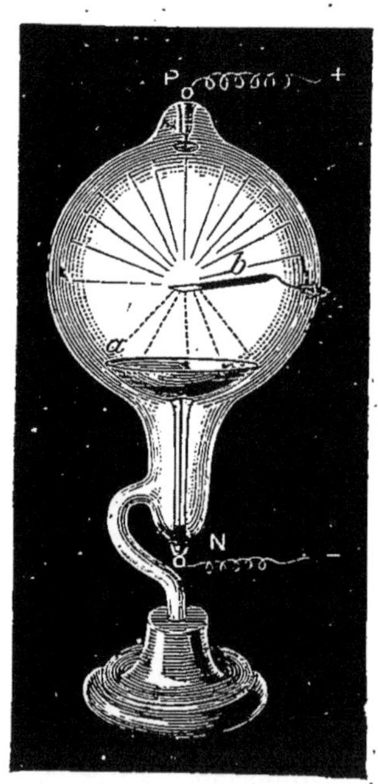

Fig. 6. — Action calorifique des rayons cathodiques.

tandis qu'une cathode courbe émettra un faisceau de rayons conique.

La position de l'anode reste sans influence sur la direction des rayons cathodiques. La fig. 7 représente deux tubes pourvus chacun de trois anodes, l'un avec le vide de Geissler, l'autre avec le vide de Crookes. Dans le premier, la lumière va de la cathode à l'anode, et se déplace suivant qu'on relie le pôle positif de la source d'électricité à l'une ou l'autre anode. Dans le second, au contraire, la partie phosphorescente du verre reste toujours à l'opposite de la cathode, quelle que soit l'anode utilisée.

Goldstein a remarqué, en 1876, que les rayons cathodiques sont déviés, dans un champ électros-

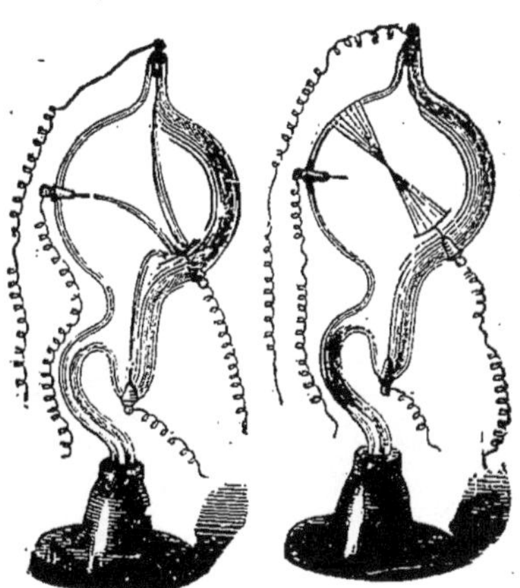

Fig. 7. — Propagation des rayons cathodiques.

tatique : ils sont attirés par le pôle positif et repoussés par le pôle négatif. Ils sont également déviés par l'aimant, comme le serait

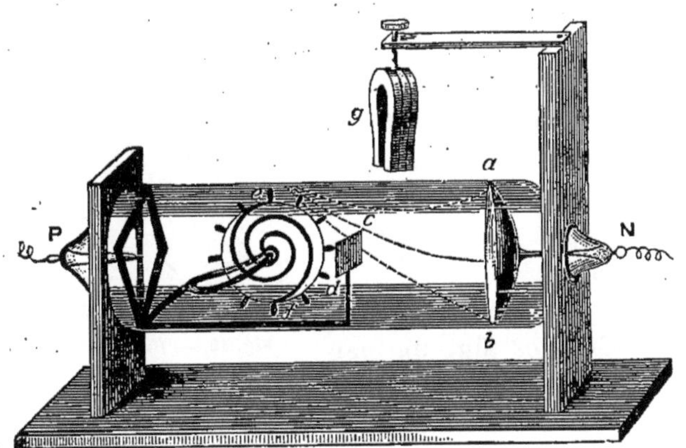

Fig. 8. — Action mécanique et déviation magnétique de la matière radiante.

un conducteur souple traversé par le courant. Ils produisent directement une action mécanique. Ces deux dernières propriétés sont mises en évidence au moyen de l'appareil représenté fig. 8. Un petit moulinet est enfermé dans un tube de Crookes dont les parois sont traversées par deux fils de platine P et N respectivement reliés au pôle positif et au pôle négatif d'un générateur d'électricité à haute tension. Le flux qui se dégage de la cathode *a b* est dévié comme l'indique la gravure par l'aimant *g* et, frappant les palettes en *e*, fait tourner le moulinet en sens inverse des aiguilles d'une montre.

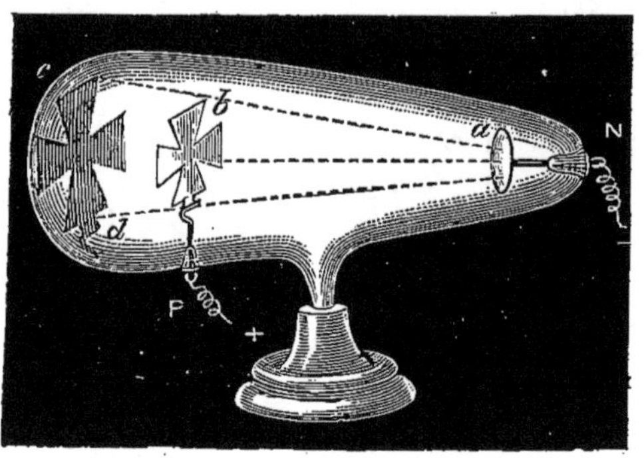

Fig. 9. — Ombre portée par les projections cathodiques.

Les rayons cathodiques produisent des effets chimiques : un grand nombre de corps sont modifiés sous leur influence. Ainsi, le cuivre oxydé est réduit à l'état métallique ; la réduction des sels de plomb et de manganèse que renferme le verre des ampoules à vide donne à leurs parois une teinte brun violet, bien facile à observer sur les tubes qui ont beaucoup fonctionné. Certaines substances changent momentanément de couleur : le sel marin brunit, le bromure de potassium se colore en bleu, le platinocyanure de baryum vire au brun. La plupart de ces réactions ne sont pas stables ; les sels momentanément altérés reprennent peu à peu leur aspect naturel, et la lumière comme la chaleur accélèrent la contre-réaction.

Un objet opaque introduit dans le tube de Crookes (fig. 9), par exemple une croix en aluminium

Fig. 10. — Expérience de Lenard.

b, porte une ombre sur la paroi phosphorescente *c d*, comme si la cathode *a* était lumineuse. Cette expérience semblerait démontrer que l'aluminium est impénétrable aux rayons cathodiques. Cependant, en 1889, Henri Hertz avait constaté que, si la lame métallique est suffisamment mince, elle devient impuissante à arrêter les projections cathodiques. Cinq ans plus tard, M. Philippe Lenard, préparateur de Hertz, mit à profit cette particularité pour faire jaillir la matière radiante hors de l'ampoule, où elle était restée enfermée jusque-là. Le verre, en effet, ne laisse pas filtrer à l'extérieur le flux issu de la cathode, dont toute l'énergie n'est ainsi employée qu'à échauffer la paroi opposée et à la rendre phosphorescente. En remplaçant une partie de cette paroi par une feuille d'aluminium (fig. 10), Lenard montra que les *rayons invisibles* transmis par cet écran *opaque* produisent encore la phosphorescence des corps qu'ils rencontrent, soit à l'air libre soit dans le vide le plus parfait, et qu'ils impressionnent les plaques photographiques. Cependant, lorsqu'ils se meuvent dans l'air, ils ne se propagent plus en ligne droite et forment comme une houppe diffuse dont l'action ne se fait sentir qu'à une assez faible distance. Lenard reconnut aussi qu'une partie seulement du faisceau ainsi extériorisé est déviée par l'aimant. La partie qui n'est pas déviée — on l'a su depuis — est constituée par les rayons X formés sous le choc des particules cathodiques contre la lame d'aluminium. Il devenait impossible de continuer à attribuer ces propriétés à la seule raréfaction des gaz : abandonnant l'expression de *matière radiante* usitée jusque-là, Lenard adopta celle de *rayons cathodiques* qui leur est restée.

M. J. Perrin a découvert une autre particularité : en dirigeant la gerbe radiante dans un cylindre métallique isolé du sol et relié à un électromètre, on constate qu'il se charge progressivement d'électricité négative.

M. J.-J. Thomson et M. Wiechert ont calculé la vitesse des rayons cathodiques. Ils l'ont trouvée comprise entre 22.000 et 50.000 kilomètres par seconde. Elle varie avec la différence de potentiel qui existe entre les électrodes : à mesure que le vide s'accroît, la vitesse des rayons cathodiques augmente. On ne peut donc pas les assimiler à la lumière, qui n'est pas déviée par l'aimant et qui se propage toujours, dans le vide, à raison de 300.000 kilomètres par seconde. Des mesures plus récentes ont établi que, dans le vide poussé très loin, la vitesse des rayons cathodiques peut aller jusqu'au tiers de la vitesse de la lumière.

L'hypothèse qu'avait émise Crookes sur la nature des projections cathodiques rendait bien compte de leur propagation rectiligne, de la phosphorescence et de l'échauffement des corps frappés par le bombardement des particules ; mais elle n'expliquait ni les charges négatives apportées par le flux ni sa déviation par l'aimant. On admet, aujourd'hui, que la matière est formée d'éléments dont les charges électriques, de signes opposés, se compensent, à l'état neutre : ces éléments ont reçu le nom d'*électrons*. Le flux qui s'échappe de la cathode est formé d'électrons négatifs. La déviation que subissent ces particules dans un champ magnétique a permis, non seulement d'en calculer la vitesse, mais encore, d'en connaître la masse. Il est établi que chaque gramme de ces particules contient une charge électrique d'environ 170 millions de coulombs [1], tandis qu'un gramme d'hydrogène ne porte en lui que 96.540 coulombs. On en déduit que la masse de chaque particule doit être 2.000 fois plus petite qu'un atome d'hydrogène.

Puisque des électrons négatifs sont mis ainsi en liberté, on doit également trouver, dans l'ampoule de Crookes, des électrons positifs. Goldstein y a, en effet, découvert des particules électrisées positivement : elles affluent vers la cathode, et la traversent, si elle est percée de trous ; elles forment ainsi une série de rayons canalisés à travers les ouvertures, d'où le nom de *Kanalstrahlen* (rayons-canaux) que leur a donné Goldstein. Ces rayons, chargés d'électricité positive, sont déviés par l'aimant, en sens inverse des rayons cathodiques, mais plus faiblement que ceux-ci. Leur vitesse est beaucoup moins grande (10.000 fois moins, d'après Wien), tandis que leur masse est presque égale à celle d'un atome d'hydrogène.

3. — Expériences de Röntgen.

Les singulières propriétés des rayons cathodiques offraient aux physiciens un haut intérêt théorique, mais ne leur avaient pas encore paru susceptibles d'applications pratiques. Quant au public, il ignorait tout des faits établis par Crookes, par Hertz et par Lenard, lorsqu'au mois de décembre 1895, une découverte fortuite vint bouleverser les idées communément admises sur la transparence et l'opacité des corps.

Röntgen, professeur à l'université de Wurtzbourg, soumettait un tube de Crookes à diverses expériences, et, pour n'être pas gêné

---

1. Le coulomb est la quantité d'électricité débitée en 1 seconde, quand l'intensité est de 1 ampère. Il faut 3.000 coulombs pour déposer 1 gr. de cuivre par l'électrolyse ; il en faut 12.000 pour dégager 1 gr. d'oxygène d'une quelconque de ses combinaisons, etc.

par les lueurs phosphorescentes, il l'avait enveloppé de papier noir. Dès que l'appareil fut mis en activité, malgré l'interposition de la feuille opaque, un carton enduit de platinocyanure de baryum placé non loin de la source des rayons cathodiques s'illuminait vivement. Röntgen voulut alors s'assurer si d'autres substances seraient également traversées par les radiations invisibles. Il interposa donc, entre le tube et l'écran fluorescent, une planche de bois, une plaque d'aluminium de plus de 1 centimètre d'épaisseur, un gros livre de 1.000 pages : l'écran s'illuminait encore. Par contre, le verre, le cristal même se laissaient moins complètement pénétrer. Au cours de ses allées et venues dans son laboratoire, la main de l'expérimentateur se trouva par hasard placée entre la source cathodique et l'écran. La silhouette qu'il vit se projeter sur la plaque fluorescente avait de quoi le surprendre : c'était l'ombre de son squelette, entourée d'une faible pénombre correspondant aux contours extérieurs des chairs.

En remplaçant l'écran de platinocyanure de baryum par des plaques photographiques, Röntgen fixa les effets qu'il avait entrevus. Ses clichés lui montrèrent l'activité photochimique des rayons invisibles filtrés à travers le papier noir; les os les arrêtaient, mais les chairs, les muscles, les tendons, les nerfs et les artères se laissaient facilement traverser. C'est ainsi que fut obtenue pour la première fois, la photographie du squelette d'un modèle vivant.

La première épreuve, représentant une main disséquée, en quelque sorte, par la photographie, fut reproduite, considérablement retouchée, par les journaux allemands : elle excita dans le monde entier une profonde émotion.

En France, M. Seguy, l'habile souffleur de verre, qui avait déjà construit auparavant plusieurs tubes de Crookes, et après lui deux médecins, les docteurs Barthélemy et Oudin, répétèrent les expériences du savant bavarois. Les épreuves qu'ils obtinrent, présentées par Henri Poincaré à l'Académie des sciences, dans la séance du 20 janvier 1896, y furent accueillies avec le plus vif intérêt. Quant au vulgaire, pour qui les expressions « opaque » et « transparent » ont un sens absolu, il ne s'expliquait pas qu'il fût possible de voir et de photographier un squelette à travers le corps d'une personne enveloppée de tous ses vêtements.

Röntgen montrait alors que le phénomène n'était pas produit par les rayons cathodiques eux-mêmes. On n'avait pas non plus, à son avis du moins, affaire à la lumière ultra-violette, mais bien à des radiations nouvelles, insoupçonnées jusqu'alors. Et, dans l'impossibilité d'en préciser la nature, empruntant très ingénieusement à l'algèbre le signe qui sert à désigner l'inconnu, il leur donna le nom de *rayons X*.

CHAPITRE II

1. — Propriétés des rayons X.

Les rayons découverts par Röntgen se propagent en ligne droite; ils ne subissent ni réflexion ni réfraction et semblent ainsi d'une nature toute différente de celle de la lumière. On n'a pas réussi non plus à les polariser. Ils ne sont déviés ni par les aimants ni par les corps électrisés, et ce caractère les sépare des rayons cathodiques.

Ils offrent la singulière propriété de décharger les corps électrisés. Lorsqu'un électroscope chargé se trouve placé à proximité d'un tube de Crookes en activité, on voit les feuilles d'or se rapprocher immédiatement. Et il n'est même pas nécessaire que le faisceau de rayons X frappe la surface même du corps électrisé : il suffit, comme l'a montré M. Perrin, qu'il rencontre les lignes de forces qui en émanent, pour le décharger aussitôt. Il semble que l'air traversé par les rayons de Röntgen ait perdu son pouvoir isolant et soit devenu conducteur. On explique ce phénomène en admettant que les particules de l'air sont en partie désagrégées par le rayonnement issu du tube de Crookes : ses éléments électriques, les *ions* comme on les appelle, seraient dissociés, et ceux qui portent l'électricité de signe contraire à celle du corps électrisé pourraient en neutraliser la charge. Cette hypothèse expliquerait que la conductibilité de l'air se maintienne un certain temps après le passage des rayons X; elle rendrait compte aussi de ce fait que le pouvoir isolant disparaît non seulement sur le chemin même des rayons mais partout où peuvent se diffuser les ions séparés. Ces phénomènes sont d'un grand intérêt : ils ont conduit les physiciens à admettre comme possible la décomposition de corps que la chimie considérait comme simples. Les ions que l'on rencontre dans l'électrolyse proviennent de la séparation des éléments d'un corps composé; mais, ici, il s'agit d'une décomposition beaucoup plus profonde, puisqu'elle s'attaque à la molécule même d'un corps simple.

Les rayons X excitent la phosphorescence et la fluorescence d'un grand nombre de corps. C'est du reste à cette propriété qu'est due leur découverte. Sous l'influence du rayonnement invisible, le sulfure de zinc devient phosphorescent : il continue de luire même quand il cesse d'être frappé par les rayons X. Au contraire, le platinocyanure de baryum, le tungstate de calcium ne sont que fluorescents : leur luminescence s'éteint en même temps que cesse la cause qui l'avait provoquée. Le verre, et en particulier le cristal, s'illuminent vivement, sous la même influence, et Radiguet en a tiré parti pour exécuter de très curieuses expériences que les assistants non prévenus auraient pu attribuer à la magie ou au spiritisme. Un tube de Crookes est dissimulé derrière un voile noir. Dès qu'on l'excite, tous les objets en verre ou en cristal placés de l'autre côté du voile se mettent à briller d'un vif éclat; des carafes, des gobelets, des vases en porcelaine, des gants recouverts d'un enduit fluorescent, des confetti imprégnés d'uranine ou de sulfate de quinine s'agitent dans l'obscurité, déplacés par des mains invisibles.

Perreau a constaté que le sélénium irradié par les rayons X offre une moindre résistance au passage de l'électricité, comme lorsqu'il est exposé à la lumière.

Les rayons X impressionnent la plaque photographique. Cependant, comme il n'est pas possible de les réfracter à travers une lentille, ils ne reproduisent pas l'image des objets, mais seulement des silhouettes : ce sont les ombres portées par les parties du sujet les plus opaques aux radiations. L'épreuve positive montre ainsi des surfaces plus ou moins noires, limitées par les contours des corps plus ou moins transparents au faisceau de rayons. Et comme ces rayons traversent la plupart des corps qui opposent à la lumière ordinaire un obstacle infranchissable, il en résulte les effets les plus étranges. Les métaux les arrêtent, du moins sous une épaisseur suffisante, mais le bois et le cuir sont facilement traversés : on pourra donc photographier des objets enfermés dans une enveloppe opaque à la lumière, des pièces de monnaie dans une bourse, des compas dans une boîte, un bijou dans son écrin, etc.

Les chairs sont très transparentes aux rayons X; les os le sont beaucoup moins, mais se laissent pourtant plus facilement pénétrer que les corps métalliques. La médecine et la chirurgie en ont tiré un précieux parti, pour observer les lésions, les fractures, et rechercher les corps étrangers introduits dans l'organisme.

Le pouvoir de pénétration des rayons X s'accroît avec le degré de raréfaction du tube. A vide égal, le pouvoir de pénétration est en raison inverse du poids atomique des corps frappés par le rayonnement. Comme l'a établi M. Benoist, plus le poids atomique d'un corps est élevé, plus le corps est opaque aux rayons X. Il en résulte que les corps à poids atomique faible, par exemple le carbone, le magnésium, l'aluminium, sont très transparents; tandis que les corps à poids atomique lourd, tels que le plomb ou le mercure, sont très opaques. La comparaison des ombres est assez facile pour qu'on puisse en déduire approximativement le poids atomique d'une substance complexe, ainsi que les rapports des éléments qui la composent.

L'action chimique des rayons X n'est pas limitée à la décomposition des sels d'argent. Sous leur influence, une solution chloroformique d'iodoforme devient rouge, ainsi que l'a découvert Freund, par suite de la mise en liberté d'une certaine quantité d'iode. Le chlorure de sodium, le sulfate de soude et quelques autres sels en solution aqueuse se colorent. La plupart des substances fluorescentes perdent peu à peu leur pouvoir luminescent, lorsqu'elles ont été irradiées un certain temps, et changent de couleur. Elles reprennent ensuite progressivement leur aspect primitif et leur luminescence; cette revivification s'accomplit lentement dans l'obscurité, plus rapidement à la lumière ordinaire.

L'antagonisme qui se manifeste ainsi entre les rayons X et la lumière se retrouve encore dans une action particulière exercée sur les plaques photographiques. Si l'on soumet une émulsion au gélatinobromure d'argent, d'abord à l'action des rayons X, puis à l'action de la lumière faible, la première impression est détruite par la seconde. Cet antagonisme, découvert en 1899 par M. Villard, lui a suggéré l'idée d'une méthode permettant d'obtenir des images positives directes, c'est-à-dire sans passer par l'intermédiaire d'un cliché négatif. Une plaque au gélatinobromure est d'abord entièrement voilée par exposition aux rayons X. On l'impressionne ensuite dans l'appareil photographique, en prolongeant le temps de pose (30 secondes, en hiver, devant un paysage). Avant le développement, on constate que la plaque porte une image négative, faible mais nettement visible. Dans le révélateur, cette image disparaît, s'inverse et reparaît en positif; la lumière a détruit le voile radiographique, et d'autant plus en chaque point qu'elle y est venue plus intense. Au lieu d'impressionner la plaque à la chambre noire, on peut évidemment l'exposer par contact dans un châssis-presse, sous un cliché ordinaire ou sous un diapositif, de manière à en obtenir un contretype symétrique.

Les rayons X ont, enfin, une action physiologique très puissante, mais encore mal connue. Salutaire à certains égards, elle est nuisible sous d'autres rapports, et nous verrons qu'une grande prudence s'impose, dans leur emploi.

Les phénomènes qui viennent d'être énumérés justifient-ils le nom de *rayons* donné à la cause qui les produit? C'est ce que nous allons maintenant rechercher.

2. — Que sont les rayons X?

Les physiciens ont longtemps disputé sur la nature de la lumière. Newton, Lavoisier, Laplace, Gay-Lussac en expliquaient les effets par la projection de particules matérielles : c'était le système de l'*émission*. D'autres, au contraire, Descartes, Grimaldi, Huyghens, Euler, Thomas Young, Malus, se ralliaient au système des *ondulations :* ils admettaient que les corps lumineux sont animés de mouvements vibratoires extrêmement rapides qui se propagent à distance par l'intermédiaire d'un milieu infiniment élastique, qu'ils appelaient l'*éther*. Ce milieu impondérable était supposé répandu dans l'univers entier, même dans les espaces interplanétaires et dans les espaces intermoléculaires.

Depuis les travaux d'Augustin Fresnel, la question est tranchée. L'hypothèse de l'émission est définitivement écartée, et celle des ondulations est devenue une certitude scientifique.

Pour concevoir ce qu'est, en réalité, une onde lumineuse, on peut se rappeler quelques faits bien connus. Lorsqu'on jette une pierre dans un bassin, on voit aussitôt se former une série de vagues qui, partant du point où la surface liquide a été ébranlée, rayonnent tout autour, en cercles qui vont s'élargissant à mesure qu'ils s'éloignent du centre. L'eau est ainsi le siège d'un mouvement ondulatoire qui se propage avec une vitesse uniforme. De même, les sons qui frappent notre oreille consistent en des déplacements alternatifs de l'air. Ces déplacements se transmettent, de proche en proche, en ondulations dispersées à l'entour du corps sonore. La vitesse de ce mouvement vibratoire est d'environ 340 mètres par seconde. Suivant que les vibrations se succèdent avec plus ou moins de fréquence, l'oreille perçoit un son plus ou moins aigu : le *la* normal du diapason correspond à 870 vibrations par seconde, tandis que la même note de l'octave suivante correspond à 1.740 vibrations dans le même laps de temps. Dans un cas comme dans l'autre, la vitesse de propagation est la même : les notes les plus graves ne se transmettent ni plus rapidement ni plus lentement que les notes les plus aiguës.

De même, l'éther, ce milieu insaisissable dont la science moderne admet l'existence dans l'univers entier, est susceptible d'entrer aussi en vibration. Suivant sa fréquence, le mouvement ondulatoire qui l'anime se manifeste par des effets très différents.

Les vibrations les plus lentes, celles qui correspondent aux notes les plus graves de la gamme éthérée, sont les ondulations électriques découvertes par Hertz et appliquées actuellement à la télégraphie sans fil. Si on les accélère suffisamment, les vibrations de l'éther sont décelées par le thermomètre. Plus rapides encore, elles se révèlent à nos yeux : ce sont les ondes lumineuses. A mesure que la fréquence s'accroît, la lumière est d'abord rouge, puis orangée, puis, successivement, jaune, verte, bleue, indigo et violette.

Parvenue à ce degré, si la fréquence continue à augmenter, nous cessons de voir vibrer l'éther, mais l'existence des rayons ultra-violets nous est attestée par leur action sur la plaque photographique et sur les corps luminescents.

Quelle que soit leur fréquence, les vibrations de l'éther parcourent l'espace avec une rapidité uniforme. Toutes sont animées de l'invraisemblable vitesse de 300.000 kilomètres par seconde. Quand leur fréquence s'accroît, les vagues éthérées sont plus nombreuses et plus rapprochées les unes des autres, mais elles courent toujours à la même allure. Ainsi, la *longueur d'onde,* c'est-à-dire la distance qui sépare deux vagues consécutives de l'éther, est d'autant plus courte que ces vagues se succèdent en plus grand nombre dans un laps de temps déterminé. Qu'il soit bien entendu que la fréquence des vibrations n'a rien de commun avec leur vitesse de propagation : celle-ci est constante; celle-là est essentiellement variable, comme le montre le tableau suivant.

DÉSIGNATION		NOMBRE DE VIBRATIONS PAR SECONDE	LONGUEUR D'ONDE
Ondes élec- triques	Marconi	75.000	4.000 mètres
	Hertz	50 millions	6 —
	Box et Righi	50 milliards	$6^m/^m$
Ondes calori- fiques	(moyenne)	5 trillions	$0^m/^m$ 06
Ondes lumi- neuses	Rouge	480 —	$0^m/^m$ 000625
	Orangé	511 —	$0^m/^m$ 000587
	Jaune	540 —	$0^m/^m$ 000556
	Vert	583 —	$0^m/^m$ 000515
	Bleu	628 —	$0^m/^m$ 000478
	Indigo	663 —	$0^m/^m$ 000452
	Violet	704 —	$0^m/^m$ 000426
Ultra-violet	(premiers rayons chimiques)	800 —	$0^m/^m$ 000375
Rayons X	(moyenne probable)	3 quintillions	$0^m/^m$ 0000001

Ce tableau met en évidence l'imperfection de nos sens, en montrant dans quelles étroites limites sont comprises les ondes lumineuses. Nos yeux ne perçoivent même pas une octave complète de l'immense clavier. Il existe sans doute des êtres dont la vision s'étend soit en deçà du rouge soit au delà du violet, et il semble résulter de quelques expériences que certains insectes, les mouches notamment, percevraient directement les rayons X.

Nous voyons par là combien sont relatives ces expressions : *opaque* et *transparent.* Un verre est qualifié d'incolore, lorsqu'il laisse passer toutes les radiations visibles; un verre bleu est un verre qui est traversé par les vibrations bleues, non par les autres : il est donc opaque pour celles-ci, transparent pour celles-là, et si la sensibilité de notre rétine s'arrêtait aux ondes vertes, un verre bleu nous paraîtrait aussi opaque qu'une plaque de fer. Nous disons qu'une planche est opaque, parce qu'elle ne laisse passer aucune

des radiations qui agissent sur notre rétine, mais, si nos yeux
étaient impressionnés par les ondes de Hertz ou par les rayons X,
nous trouverions transparents une foule de corps qui ne transmettent pas les ondes comprises entre l'infra-rouge et l'ultra-
violet. Un œil organisé autrement que le nôtre pourrait voir à
travers un mur épais et ne rien apercevoir derrière une lame de
cristal.

Le lecteur aura sans doute déjà remarqué une double analogie
entre les rayons ultra-violets et les rayons X : les uns et les autres,
quoique invisibles directement, sont décelés par la luminescence
qu'ils provoquent et par leur action sur la plaque photographique.
Cependant, nous savons que les projections cathodiques produisent
aussi ces effets et ne sont pas des radiations, des vibrations de
l'éther, puisqu'elles sont déviées par les aimants et par les corps
électrisés, qui ne détournent pas la lumière de sa propagation
rectiligne. Le phénomène dénommé à tort *rayons* cathodiques est,
en réalité, une *émission* de particules électrisées ; seulement, quand
ce flux de matière rencontre un obstacle, un nouveau phénomène
apparaît, un flux d'une nature toute différente jaillit de l'obstacle
et se propage en droite ligne, sans qu'il soit possible de l'écarter
de sa route par l'action magnétique ou électrique. C'est à ce nouveau phénomène, de nature ondulatoire, que Röntgen a très
heureusement donné le nom de *rayons* X.

Ainsi, dans l'ampoule de Crookes, lorsque les rayons cathodiques
frappent les parois du verre, les rayons X prennent naissance, et
c'est eux qui donnent à l'ampoule sa fluorescence verte. Si l'on fait
filtrer le flux primitif à travers un diaphragme d'aluminium, comme
l'avait fait Lenard, le premier obstacle que rencontrent les particules électrisées émet aussi des rayons X. Si c'est un écran enduit
de sulfure de zinc, il deviendra phosphorescent sous l'action des
radiations naissantes ; si c'est une émulsion au gélatinobromure
d'argent, le choc des particules engendrera encore des rayons X,
et le composé sensible sera réduit comme il le serait par la lumière.
On peut dire que le choc des projectiles cathodiques fait naître les
rayons X, comme le choc d'un marteau sur un timbre provoque les
vibrations sonores.

Une autre propriété des rayons X les rapproche également des
rayons ultra-violets : les uns comme les autres déchargent les

corps électrisés et favorisent le passage de la décharge entre deux conducteurs trop éloignés pour que l'étincelle jaillisse, dans les circonstances ordinaires. Cependant, il existe à cet égard une différence essentielle : les rayons X provoquent aussi bien la décharge des corps électrisés positivement que celle des corps électrisés négativement, tandis que les rayons ultra-violets dissipent surtout les charges négatives.

Voici maintenant un caractère qui semble, à première vue, séparer les rayons X des rayons ultra-violets. Quand les vibrations de l'éther passent obliquement d'un milieu dans un autre, elles sont déviées de leur direction primitive, et cette déviation, connue sous le nom de *réfraction,* est d'autant plus marquée que les ondulations sont plus courtes et plus fréquentes. Lorsqu'on fait pénétrer un rayon de soleil dans une chambre obscure percée d'une étroite ouverture derrière laquelle est disposé un prisme de cristal, on voit le faisceau s'étaler et la lumière blanche décomposée en une suite de couleurs où l'on peut reconnaître les sept teintes caractéristiques de l'arc-en-ciel : Rouge, orangé, jaune, vert, bleu, indigo, violet.

C'est là le spectre visible : la lumière rouge est la moins déviée, tandis que le violet subit la plus forte réfraction. En outre, le thermomètre montre que les radiations calorifiques sont encore moins réfractées que le rouge, et la plaque photographique révèle l'existence, au delà du violet, de radiations très réfrangibles. Les rayons X se rapprochant de l'ultra-violet par plusieurs propriétés caractéristiques, il semblerait que nous devrions leur trouver un notable pouvoir de réfrangibilité. Il n'en est rien. Les rayons X ne se réfractent pas. Cependant, la théorie rend compte de cette apparente anomalie : Helmholtz a montré qu'à mesure que les ondulations se font plus courtes, la réfraction augmente d'abord, atteint un maximum, puis tend à se rapprocher de l'unité. Nous devons donc classer les rayons X parmi les radiations de très faible longueur d'onde.

Mais la lumière se réfléchit, tandis que les rayons X ne sont jamais écartés de leur trajectoire. Quand ils rencontrent un corps, il ne peut arriver que de deux choses l'une : ou ils franchissent l'obstacle, en poursuivant leur chemin initial, ou, s'ils sont arrêtés, ils se transforment, soit en radiations visibles par luminescence, soit en *rayons secondaires,* découverts en 1899 par M. G. Sagnac. Ces rayons secondaires, ou *rayons S,* sont absorbés par les différents corps plus fortement que les rayons X ; ils agissent comme ceux-ci sur les écrans fluorescents, sur les plaques photographiques et sur les corps électrisés. Ils peuvent se transformer à leur tour en *rayons tertiaires* ou *rayons T,* et l'on pressent qu'on arrivera à combler peu à peu la lacune qui existe entre les rayons X et les rayons ultra-violets.

Cette absorption des rayons X, ainsi que l'impossibilité où l'on est de les réfléchir, ne sont d'ailleurs pas sans analogie avec une propriété des radiations de courte longueur d'onde. Sir G.-G. Stockes a découvert que les miroirs en argent poli ne peuvent pas être employés comme réflecteurs pour l'étude du spectre ultra-violet, parce qu'ils éteignent les rayons les plus réfrangibles, et Cornu est arrivé au même résultat avec l'argenture chimique.

Enfin, M. Blondlot a vérifié expérimentalement que les rayons X se propagent avec la même vitesse que la lumière.

Quant à leur longueur d'onde, elle varie suivant la vitesse des rayons cathodiques qui les engendrent et, par suite, suivant le degré de raréfaction du tube. Il y a ainsi plusieurs espèces de rayons X, comme il y a plusieurs espèces d'ondes lumineuses dans le spectre visible. On a, en effet, constaté qu'une même substance peut être transparente ou opaque aux radiations issues d'une ampoule de Crookes dont on fait progressivement varier la pression intérieure. Une ampoule où le vide est peu poussé émet des rayons facilement interceptés par des corps denses ; ces rayons donnent sur les plaques photographiques des images riches en contrastes. Au contraire, une ampoule dont le vide a été poussé très loin émet des rayons très pénétrants mais qui donnent des images dépourvues de contrastes. Dans le premier cas, on dit que le tube est *mou ;* dans le second, on dit qu'il est *dur.*

L'émission des rayons X n'est pas continue ; elle se compose d'une série d'émissions dont la durée a été évaluée par Broca et Turchini à $1/2.000^e$ de seconde, et par Angerer à $1/10.000^e$ de seconde.

Les recherches toutes récentes de MM. Lane, Friedrich et Knipping ont précisé davantage la nature du rayonnement découvert par Röntgen. L'exposé de ces travaux ne saurait entrer dans le cadre de cet ouvrage [1] et nous nous bornerons à en indiquer la conclusion. Le rayonnement secondaire est bien certainement de nature ondulatoire, ce qui entraîne à peu près obligatoirement la nature ondulatoire du rayonnement primaire. La seule différence entre les deux rayonnements consisterait, d'après M. Lane, en ce que les rayons primaires sont formés d'ondes d'impulsion non périodiques, tandis que les rayons secondaires présentent une certaine périodicité.

Suivant l'hypothèse la plus probable, les rayons X seraient une suite d'ébranlements ou pulsations communiqués à l'éther.

L'étude des rayons X, l'ensemble des méthodes employées à leur production et à leur utilisation a reçu le nom de *radiologie*. Cette dénomination prête à quelque critique, car, si les rayons X sont bien de nature vibratoire, ce ne sont pas les seules radiations, il s'en faut de beaucoup, comme on l'a vu tantôt. Ce terme sera néanmoins conservé, puisqu'il est déjà consacré par l'usage.

On appelle *radioscopie* l'examen visuel à travers les corps opaques, au moyen de la fluorescence produite par les rayons X; *radiographie*, la photographie pratiquée à l'aide des rayons X; et *X-radiothérapie*, le traitement des maladies par ces radiations.

Avant d'analyser en détail chacune de ces applications, nous décrirons d'abord le matériel qui sert à produire et à doser les rayons X, quel qu'en soit le mode d'utilisation. Ces organes sont :

1° La source d'électricité à haute tension, qui peut être constituée, soit par une machine électrostatique, soit par une bobine de Ruhmkorff ou tout autre transformateur permettant d'utiliser un courant à basse tension;

2° L'ampoule de Crookes ou tube radiogène, dans lequel les rayons X prennent naissance;

3° Les instruments et méthodes de mesure permettant de régler l'effet des radiations.

---

1. On en trouvera un excellent résumé dans un article de M. L. Brunet, publié dans la *Revue générale des sciences* du 15 février 1913, p. 101.

CHAPITRE III

1. — Machines électrostatiques.

La tension électrique qui correspond à une longueur d'étincelle
de 5 à 30 centimètres, à l'air libre, est celle qui convient le mieux

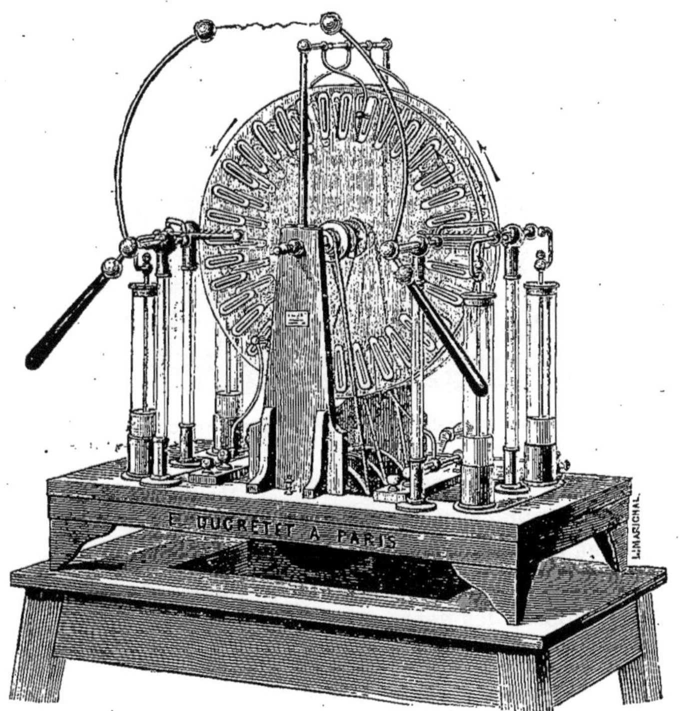

Fig. 11. — Machine de Wimshurst.

à la plupart des opérations radiologiques. Cependant, il est préférable de choisir un générateur d'énergie électrique capable de
fournir des étincelles de 50 centimètres, parce qu'un appareil

puissant travaille plus sûrement et plus régulièrement qu'un appareil poussé à son maximum de rendement.

C'est dire qu'il ne faut pas songer à utiliser les anciennes machines à frottement, telles, par exemple, que celle de Ramsden. Mais les machines à influence, comme celles de Topler ou de Wimshurst (fig. 11) sont susceptibles de fournir d'excellents résultats et offrent même, sous certains rapports, une réelle supério-

Fig. 12. — Connexions de la machine statique avec le tube radiogène.

rité sur les autres sources d'énergie électrique : le matériel est, en effet, très simple, peu encombrant, facile à transporter et relativement peu coûteux. La mise en route en est des plus faciles : il suffit de tourner une manivelle, et de mettre d'abord les pôles en contact puis de les séparer quand la machine est amorcée; le fonctionnement de l'ampoule de Crookes est très régulier, et sa durée est notablement plus longue que lorsqu'elle est mise en activité par une bobine de Ruhmkorff dont l'interrupteur abrège sa durée.

Au début, cependant, l'emploi des machines statiques avait causé de nombreux mécomptes. En radioscopie, notamment, on observait sur l'écran fluorescent des scintillations qui fatiguaient beaucoup les yeux. Pour y remédier, le Dr Destot avait le premier proposé, dès 1896, d'interrompre en un point le circuit électrique et de placer au point d'interruption deux boules dont l'écartement variable permettrait de régler la tension de la décharge dans le tube radiogène. Son *détonateur* se composait d'un tube de verre dans lequel coulissaient deux tiges métalliques. Cet appareil suffit pour de petites machines d'expériences, mais si l'on essaye de l'appliquer à des générateurs puissants, on remarque que le passage de l'étincelle se complique d'effets de condensation et de décharges sur le verre, d'où résultent des irrégularités de fonctionnement. M. Bonetti a créé un autre modèle de détonateur, composé d'un châssis en ébonite dans lequel passent les deux tiges réglables dont l'une s'attache à l'ampoule et l'autre à la machine (fig. 12). Pour obtenir un meilleur rendement, il faut employer deux détonateurs, reliés l'un à l'anode et l'autre à la cathode. Les boules placées à l'intérieur des châssis sont de diamètres inégaux : le détonateur relié au pôle positif de la machine doit avoir sa petite boule en communication avec celle-ci, et sa grosse boule reliée aux anodes de l'ampoule. Le détonateur négatif, au contraire, sera relié à la cathode par sa petite boule, et avec la machine par sa grosse boule. L'écartement des boules se règle empiriquement, suivant le tube radiogène employé et suivant les conditions de fonctionnement de la machine.

Une machine à deux plateaux de 0^m,46 de diamètre a ainsi fourni les mêmes résultats qu'une bobine d'induction donnant une étincelle de 0^m,15 de longueur.

Il est à remarquer, lorsqu'on met une machine statique en marche, qu'elle ne s'amorce pas toujours dans le même sens. Or, il importe essentiellement, pour le bon fonctionnement du tube dans lequel les rayons X vont prendre naissance, que le pôle négatif soit relié à l'électrode destinée à servir de cathode, et le pôle positif à l'anode. Il ne faut donc établir les connexions qu'après s'être assuré du sens dans lequel la machine est amorcée. On en reconnaît les deux pôles, en observant qu'une pointe tenue à la main et présentée aux collecteurs offre une *aigrette* en face du pôle négatif, et une *étoile* en face du pôle positif; une bougie placée entre les deux boules est comme *soufflée* par un vent qui semble partir de la sphère positive, tandis qu'elle va *lécher* la sphère négative.

La température de la salle devra rester voisine de 20 degrés. Les machines statiques craignent l'humidité et la poussière, qui diminuent l'isolement et arrêtent parfois la production de l'énergie électrique au moment le plus inopportun.

Les tubes à vide durcissent plus vite sous l'action de la machine statique que sous celle des courants d'induction. Aussi la machine statique reste-t-elle encore, malgré tout l'avantage de sa simpli-

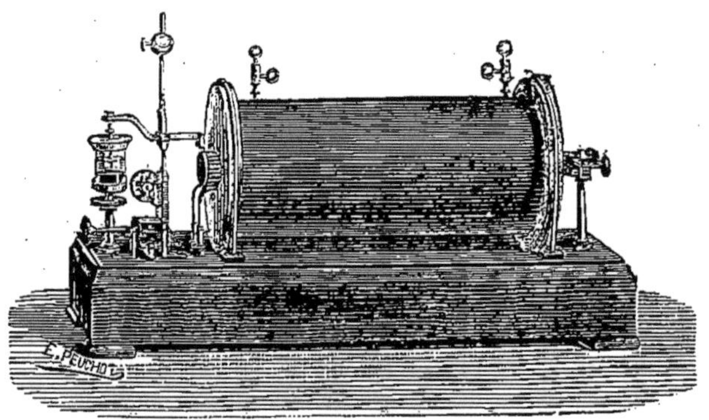

Fig. 13. — Bobine de Ruhmkorff.

cité, l'outil des radiologistes qui n'ont pas à leur portée l'énergie électrique distribuée à bon compte par les usines.

2. — Bobine de Ruhmkorff.

Dans la plupart des cas, le tube à rayons X reçoit l'énergie électrique d'une bobine de Ruhmkorff, qui transforme en courant à haute tension le courant à basse tension fourni par une pile, ou par une batterie d'accumulateurs ou encore par une usine d'électricité.

Cette bobine (fig. 13) se compose de deux conducteurs isolés entourant un noyau formé de fils de fer doux. Autour de ce noyau est enroulé d'abord un fil de cuivre gros et court destiné à livrer passage au courant *inducteur* ou *primaire*. Ce premier circuit est entouré d'un autre enroulement, constitué par un fil de cuivre très fin et très long, dans lequel doivent prendre naissance les courants *induits* ou *secondaires* à haute tension. Une bobine capable de produire des étincelles de 35 centimètres de long a pour circuit induit un fil de 4/100 de millimètre de diamètre, formant environ 300.000 spires et long de près de 10 kilomètres. On construit d'ailleurs des bobines bien plus puissantes, qui contiennent plus de 100 kilomètres de fil et produisent des étincelles de $1^m,20$ et $1^m,50$ en marche continue.

Dès qu'un courant parcourt le circuit primaire, un courant prend naissance dans le circuit secondaire ; mais le courant induit, de sens contraire au courant inducteur, ne dure qu'un instant. Vient-on à interrompre le courant primaire, aussitôt un second courant induit se produit, aussi bref que le premier mais dirigé dans le sens opposé et par conséquent dans le même sens que le courant inducteur.

Il suit de là que si l'on alimente le circuit primaire par un courant alternatif, le circuit secondaire sera parcouru par des courants induits également alternatifs, de même période que le courant inducteur, mais de tension plus élevée et de plus faible intensité. En fait, la bobine de Ruhmkorff est alimentée le plus souvent

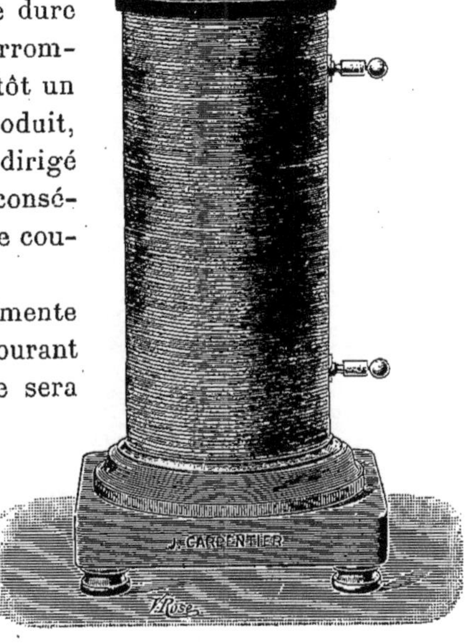

Fig. 14. — Bobine d'induction, type vertical.

par un courant continu, ou plus exactement par un courant dirigé toujours dans le même sens mais fréquemment interrompu, de manière à faire naître une suite rapide de courants induits.

L'interrupteur des petites bobines est fondé sur le même principe que le *trembleur* des sonneries électriques. Le noyau de fer doux s'aimante, quand passe le courant inducteur, et attire une pastille de fer montée sur une lame élastique dont le déplacement ouvre le circuit primaire. Le courant cesse alors de passer, l'armature mobile revient à sa position initiale, qui ferme le circuit inducteur. L'attraction recommence donc, et ainsi de suite, un grand nombre de fois par seconde.

Le circuit secondaire se trouve ainsi parcouru par des courants induits rapidement alternés. Le courant déterminé par la fermeture du circuit inducteur est égal, en quantité, à celui qui naît à la rupture; mais ce dernier possède une tension supérieure à celle du premier; en sorte que, si le circuit induit offre une solution de continuité suffisante, l'étincelle ne franchira l'intervalle que sous l'action des courants de rupture. Cette différence est due à l'induction du circuit inducteur sur lui-même.

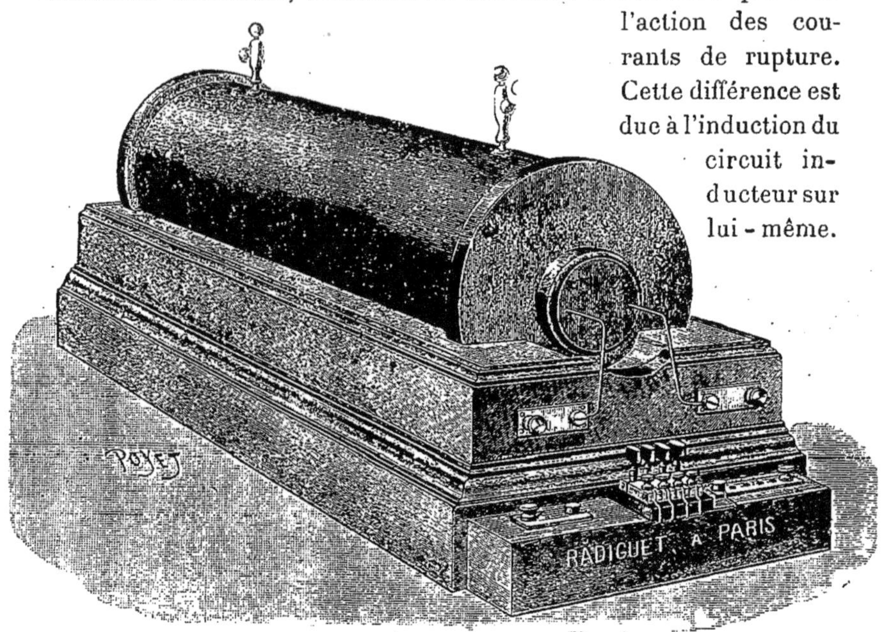

Fig. 15. — Bobine d'induction à condensateur.

Chaque spire de la bobine réagit sur les spires voisines : au moment où le circuit se ferme, les courants induits qui se développent en sens contraire tendent à en neutraliser les effets; à la rupture, au contraire, l'induction fait naître des courants secondaires dirigés dans le même sens que le courant principal, dont ils accroissent l'action en s'ajoutant à lui. C'est grâce à cette différence qu'on peut mettre en activité une ampoule de Crookes, en la reliant au circuit secondaire d'une bobine du Ruhmkorff : les courants de rupture parcourent seuls le gaz raréfié, et c'est toujours de la même électrode que jaillit la projection cathodique.

Au moment de la rupture du circuit inducteur, on voit briller une étincelle entre les pièces mobiles de l'interrupteur. Cette étincelle est provoquée par le courant induit direct qui se produit dans le circuit inducteur et renforce le courant primaire : les électriciens la désignent sous le nom *d'étincelle d'extra-courant*. Elle n'a pas seulement pour inconvénient d'altérer les pièces entre lesquelles elle jaillit; elle prolonge aussi la durée du courant inducteur et affaiblit, par suite, la tension du courant induit. Il est donc nécessaire de diminuer l'étincelle, afin de réduire au minimum l'usure de l'interrupteur, et de rendre la rupture aussi brusque, aussi soudaine que possible. Fizeau a augmenté la tension du courant induit en dérivant l'extra-courant de rupture dans un condensateur, dont les armatures sont des feuilles d'étain séparées par du papier imprégné de résine ou de paraffine. Ces armatures sont reliées respectivement aux deux pièces entre lesquelles se produit l'interruption du circuit primaire. A la rupture, l'extra-courant s'élance dans le condensateur dont les armatures s'électrisent, l'une positivement et l'autre négativement; ces deux charges de signes opposés diminuent d'autant la quantité d'électricité qui aurait pu passer sous forme d'étincelle et se recombinent aussitôt par le circuit primaire, en un courant contraire au courant précédent : ce nouveau courant désaimante instantanément le noyau de fer doux; le courant induit est ainsi de plus courte durée et par suite plus intense.

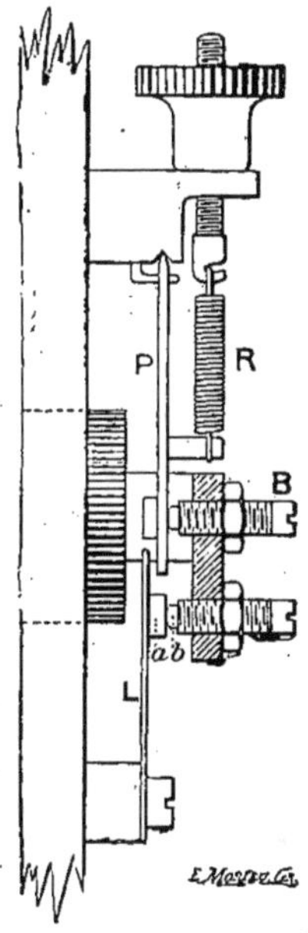

Fig. — 16. Rupteur atonique Carpentier.

Le condensateur est généralement logé dans le socle de la bobine (fig. 15); en déplaçant les fiches que l'on aperçoit sur le devant de la boîte, on utilise une surface condensante plus ou moins étendue, suivant l'effet à obtenir. Cet organe est d'autant plus efficace que l'interrupteur est moins rapide. Avec les interrupteurs électrolytiques qui fournissent jusqu'à 3.000 interruptions par seconde, le condensateur devient inutile.

Malgré l'interposition d'un condensateur, l'interrupteur à trembleur n'est applicable qu'aux très petites bobines de Ruhmkorff. On a beau armer les contacts de grains de platine : pour peu que le courant inducteur soit intense, ces pièces sont rapidement mises hors d'usage, et la rupture n'est pas assez brusque.

Si la tension du courant primaire ne dépasse pas 15 volts, on peut utiliser le rupteur atonique (fig. 16), de J. Carpentier. La rupture se produit entre deux contacts en platine a et b. La palette de fer doux P, attirée par le faisceau aimanté, articule dans une rainure triangulaire par une de ses extrémités taillée en forme de couteau. Un ressort à boudin R la maintient en place et la sollicite en même temps à s'appuyer sur une vis-butoir B qui en limite le déplacement. La palette est déjà animée d'une grande vitesse, lorsqu'elle vient heurter le ressort L,

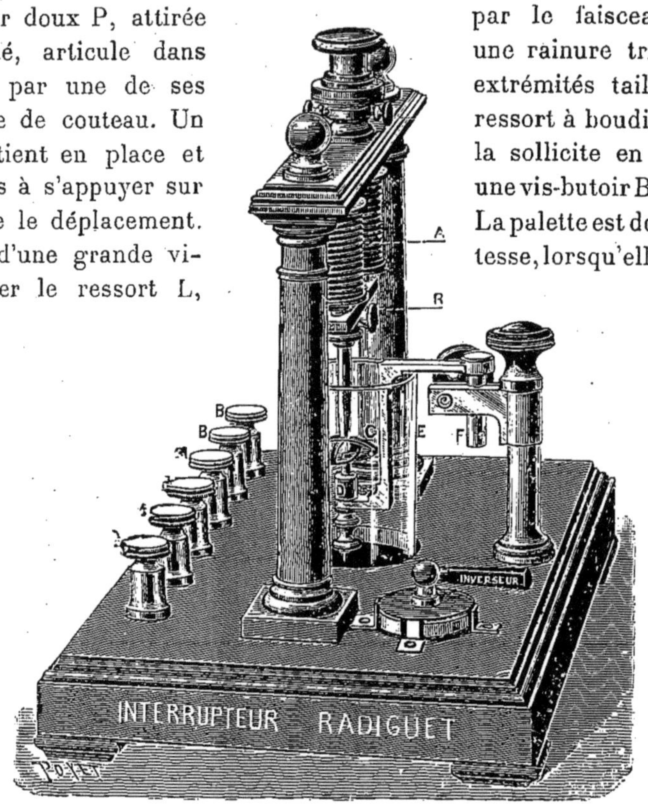

Fig. 17. — Interrupteur Radiguet.

de sorte que les contacts sont très brusquement séparés.

Au-dessus de 15 volts, il faut avoir recours à d'autres modes d'interruption. L'interrupteur Radiguet (fig. 17) est monté sur un socle indépendant de la bobine. L'armature R de l'électro-aimant A supporte la tige de cuivre C. Cette dernière repose, à l'intérieur d'un vase E rempli de pétrole, sur une pièce de cuivre D : ce contact ferme le circuit inducteur. Le passage du courant soulève l'armature R et supprime la communication entre C et D. L'aimantation disparaît alors, la pièce C retombe, fermant à nouveau le

circuit, et ainsi de suite. La fréquence des interruptions se règle
en modifiant au moyen de deux boutons de commande la durée
du contact entre les pièces de cuivre qui baignent dans le pétrole.
Six bornes servent à mettre l'interrupteur en communication avec

Fig. 18. — Interrupteur à moteur.

la source d'électricité, avec le condensateur et avec le circuit primaire de la bobine.

L'interrupteur à moteur de Ducretet (fig. 18), est constitué par
une tige *t* plongeant dans un godet H G contenant une couche de
mercure recouverte de pétrole. Un moteur électrique M imprime à
la tige *t*, par l'intermédiaire de la bielle B, un mouvement alternatif vertical très rapide. Le courant primaire est amené à la tige
mobile par une bande métallique souple L et passe dans la masse
de mercure. Quand la tige *t* est soulevée hors du mercure, le courant est brusquement interrompu, pour passer de nouveau quand
le contact est rétabli.

On emploie aussi, depuis quelques années, des interrupteurs à jet de mercure par force centrifuge. Un moteur électrique M (fig. 19) actionne une petite turbine T qui projette un filet de mercure A établissant dans sa rotation des contacts successifs sur des lames métalliques *l*. Cette combinaison supprime l'emploi d'un liquide isolant, tel que l'alcool ou le pétrole, qui forme à la longue avec le mercure une sorte d'émulsion pâteuse. L'interrupteur à jet de mercure fonctionne mieux dans les carbures d'hydrogène gazeux

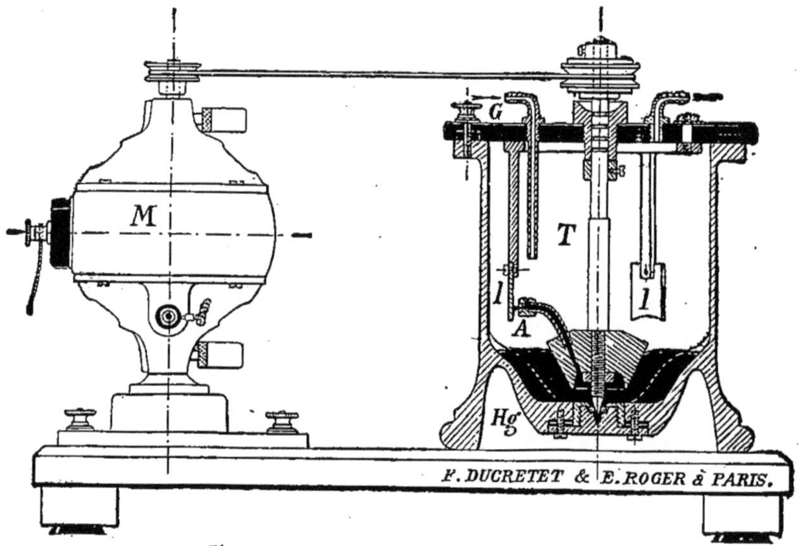

Fig. 19. — Interrupteur à jet de mercure.

que dans l'air ; aussi le relie-t-on d'ordinaire, par la tubulure G, à une canalisation de gaz d'éclairage.

La fig. 20 représente un autre modèle, dans lequel le moteur électrique est monté sur le même arbre que la turbine à mercure.

Enfin, on utilise actuellement, surtout avec les courants très intenses, l'interrupteur électrolytique de Wehnelt. La cuve R (fig. 21) contient de l'eau acidulée. La borne + reliée au pôle positif du générateur d'énergie électrique communique avec une vis B qui se termine, à l'intérieur de la cuve, par une pointe de platine P*t*. Le pôle négatif est relié au liquide par la borne — et la lame de plomb E. Le passage du courant a pour effet de déterminer sur la pointe de platine une chaleur intense qui vaporise immédiatement la couche liquide qui l'entoure. Cette gaine de

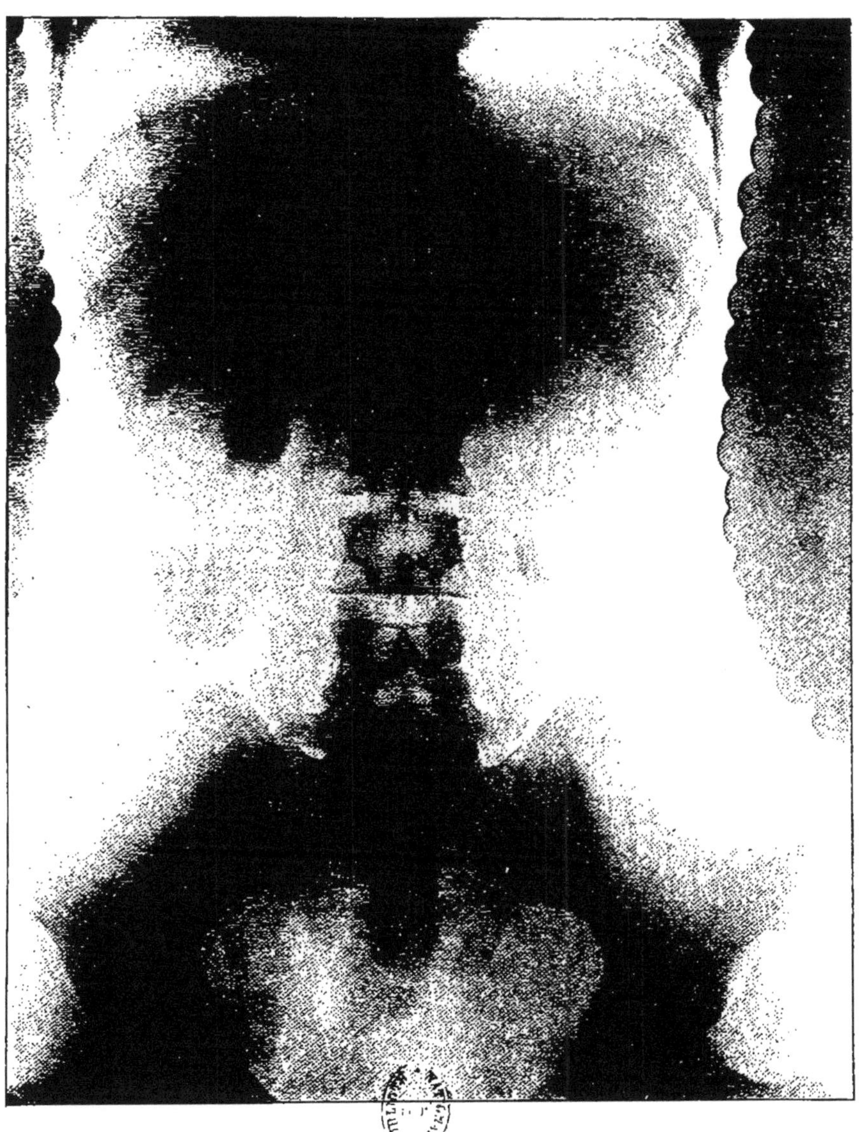

THORAX ET BASSIN.

D'après un cliché exécuté à l'Hôpital Necker sur plaque métroradiographique Jougla.

vapeur interrompt aussitôt le courant. La cause de l'échauffement cessant, la vapeur se condense, le courant passe de nouveau, et le phénomène de caléfaction recommence. Les interruptions produites dans ces conditions sont extrêmement brusques et se succèdent à raison de 1.500 par seconde environ. Il est bon que la température du liquide soit comprise entre 80 et 90 degrés.

La fig. 22 représente le modèle spécialement étudié par M. Car-

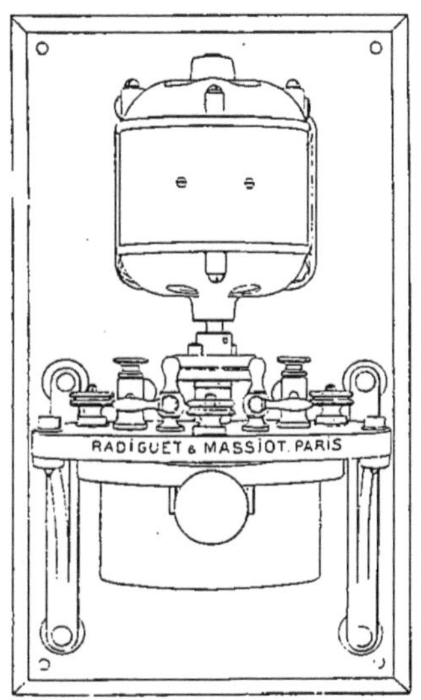

Fig. 20. — Interrupteur-turbine à mercure et à gaz, type vertical.

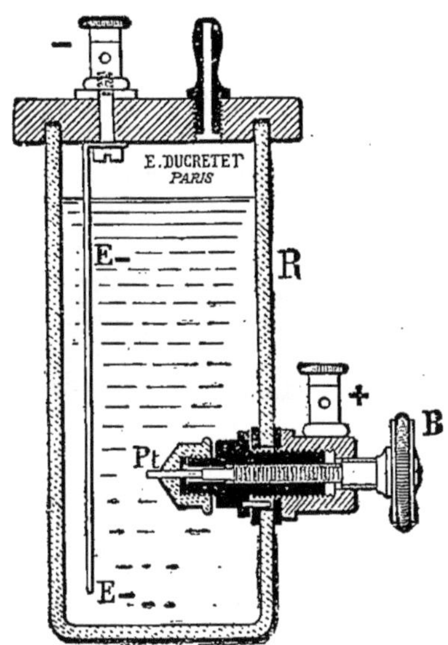

Fig. 21. — Interrupteur électrolytique

pentier pour actionner les bobines de Ruhmkorff avec quelques éléments de pile ou d'accumulateurs. Il se compose d'une cuve en laiton doublée de plomb et fermée hermétiquement par un couvercle percé de trois tubulures. L'une sert à l'introduction de l'anode, l'autre laisse passer la tige d'un thermomètre, la troisième permet l'évacuation des gaz. La borne négative est fixée au couvercle. La cuve est entourée d'une gaine isolante en feutre, et le tout est enfermé dans une enveloppe en bois.

Avec ce mode d'interruption, le condensateur devient inutile. La fig. 23 montre l'installation d'une bobine et d'un interrupteur Wehnelt. Un flacon laveur contenant une solution alcaline arrête les vapeurs acides entraînées.

5

L'interrupteur électrolytique représenté en coupe, fig. 24, est combiné de manière à fonctionner au voltage relativement élevé des réseaux de distribution. Le vase en verre renferme un tube de plomb vertical formant cathode au milieu duquel se trouve une anode réglable à vis, semblable à celle du modèle précédent. La cathode plonge jusqu'à quelques millimètres du fond du récipient; au-dessus de la pointe anodique, elle est percée de trous débouchant au niveau supérieur du liquide. Dès la fermeture du circuit, l'électrolyte qui est au contact de l'anode s'échauffe rapidement et, en vertu de sa moindre densité, tend à monter dans le tube cathode, tandis qu'il est remplacé par du liquide froid aspiré à la partie inférieure. La circu-

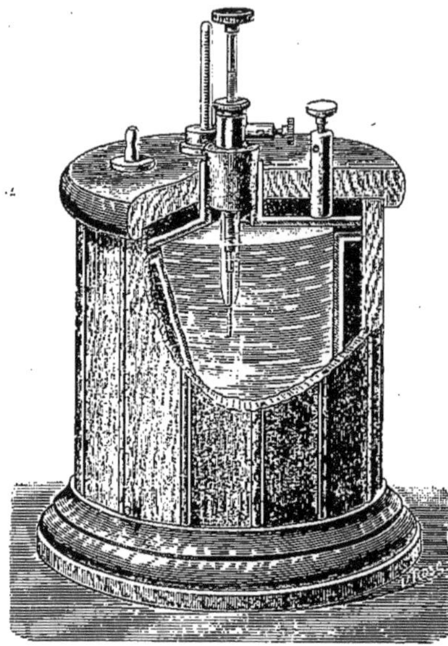

Fig. 22. — Interrupteur Wehnelt (Carpentier).

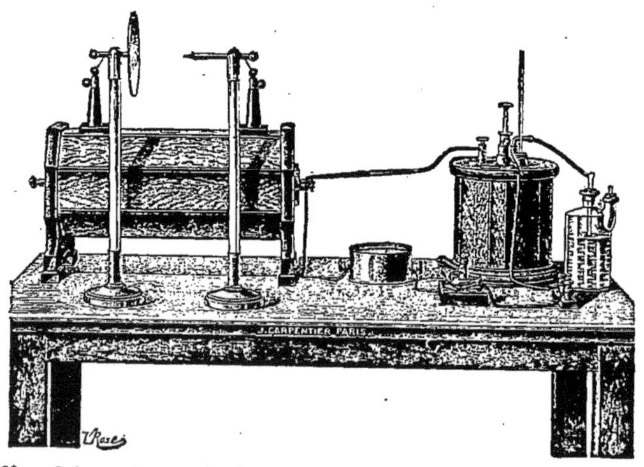

Fig. 23. — Interrupteur Wehnelt combiné avec une bobine sans condensateur.

lation s'établit ainsi régulièrement dans le tube, et le liquide chaud sort en bouillonnant par les orifices. En touchant le vase en verre, on constate une séparation très nette entre la couche supérieure chaude et la couche inférieure froide ; la ligne de séparation descend lentement, jusqu'à ce que toute la masse du liquide soit échauffée ; on arrive ainsi à faire participer tout l'électrolyte à l'échauffement et, avec un récipient de 4 à 5 litres de capacité, on peut obtenir une marche continue d'une heure sous 120 volts et 12 à 15 ampères.

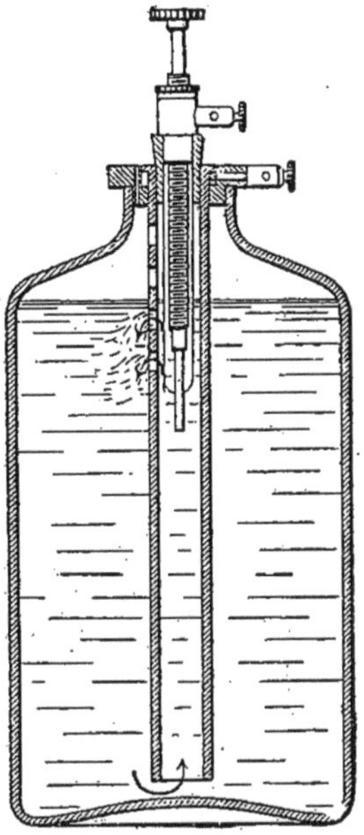

Le Dr Ervigue Hauser recommande, pour l'interrupteur de Wehnelt, un électrolyte formé d'une solution à demi saturée de sulfate de magnésie et légèrement acidulée par l'acide sulfurique. Ce mélange jouit d'une conductivité considérable, et, par suite, permet de se contenter d'une différence de potentiel moins élevée.

Fig. 24. — Interrupteur Wehnelt à circulation (Carpentier).

Le courant qui alimente la bobine de Ruhmkorff peut être produit par une pile de 4 à 6 éléments au bichromate ; mais la source la plus commode est une batterie d'accumulateurs. Pour charger cette batterie, certains laboratoires radiologiques emploient une petite dynamo, de 5 ampères et 55 volts, actionnée par un moteur à gaz ou à pétrole de 1 cheval. Cette dynamo peut d'ailleurs alimenter directement la bobine : il suffit

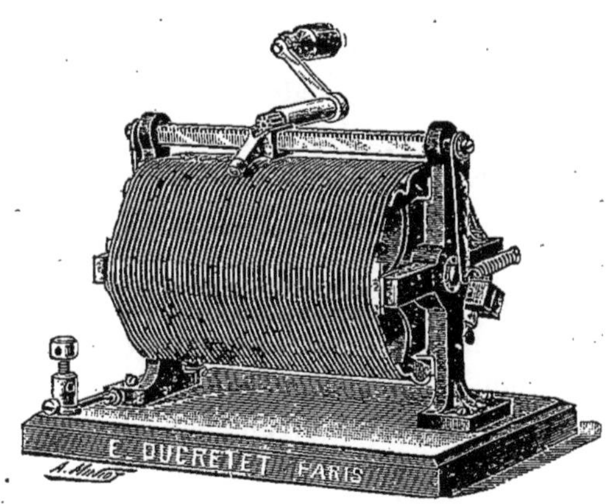

Fig. 25. — Rhéostat.

d'intercaler dans le circuit un rhéostat à curseur mobile (fig. 25) amenant le courant au régime convenable.

La plupart des radiologistes préfèrent emprunter l'énergie distribuée à domicile par les stations centrales. Si cette énergie est fournie sous forme de courant continu, on n'a qu'à relier directement la canalisation avec le circuit primaire de la bobine et celui de l'interrupteur. Toutefois, il sera généralement nécessaire d'y intercaler un grand rhéostat ou réducteur de potentiel.

Si le courant est alternatif, il n'est pas possible de l'utiliser tel quel. D'abord, l'interrupteur de Wehnelt exige les connexions que nous avons indiquées. Les autres interrupteurs fonctionneraient bien, quel que soit le sens du courant; mais, dans l'ampoule à vide, chaque électrode serait tour à tour anode et cathode, et l'appareil serait mis promptement hors d'usage. On peut n'utiliser qu'une seule des phases du courant alternatif, en intercalant dans le circuit primaire une soupape électrolytique. Ce transformateur, proposé par M. O. de Faria, est fondé

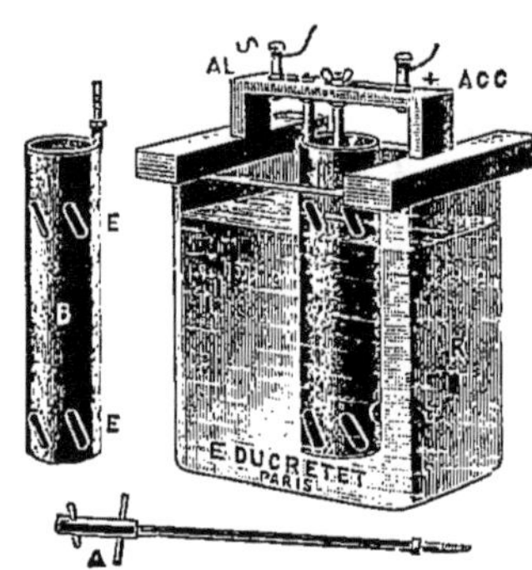

Fig. 26. — Soupape électrolytique
Faria.

sur un principe découvert par Buff en 1857. Si l'on dispose dans un circuit électrique une cuve contenant une solution de phosphate de soude et si les électrodes sont l'une en aluminium et l'autre en plomb, le courant ne passe que du plomb à l'aluminium, et non en sens inverse. Il suit de là que lorsqu'il s'agit d'un courant alternatif, il ne passera qu'au moment où l'électrode en plomb sera reliée au pôle positif, et l'aluminium au pôle négatif. La fig. 26 représente la soupape Faria. La solution de phosphate de soude est contenue dans un bac en verre R. L'électrode en plomb B est cylindrique et percée d'orifices E facilitant la circulation de l'électrolyte. L'électrode d'aluminium est constituée par une tige A. Cette soupape transforme le courant alternatif en un courant intermittent, mais toujours de même sens. Elle n'utilise donc qu'une alternance sur deux. On peut utiliser les deux alternances, en groupant quatre soupapes, mais cette combinaison complique l'installation et, pour la régularité du fonctionnement du tube radiogène, il est préférable d'intercaler une seule soupape sur le circuit de charge d'une batterie d'accumulateurs. La fig. 27 montre les connexions à effectuer dans ce cas. Le courant alternatif

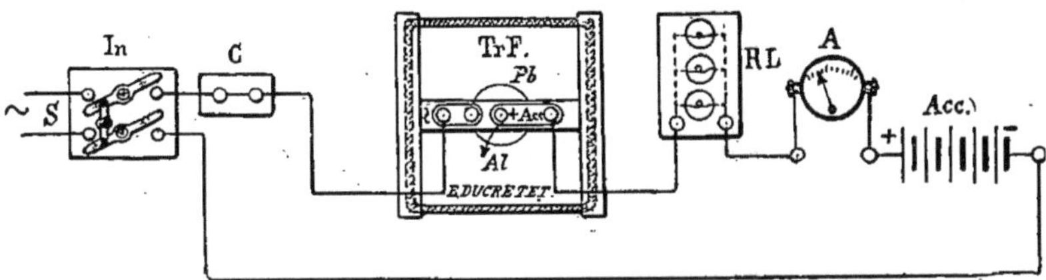

Fig. 27. — Charge d'accumulateurs par courants alternatifs, avec la soupape électrolytique.

arrive en S à l'interrupteur bipolaire In, traverse le coupe-circuit C, la soupape Tr F, un rhéostat (ou des lampes formant résistance) R L, l'ampèremètre A, et la batterie Acc.

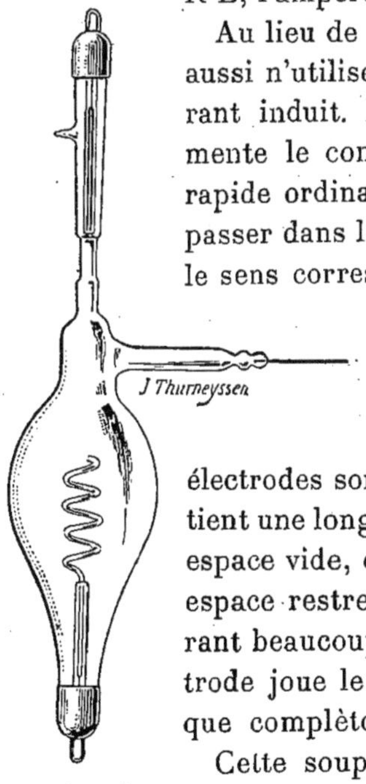

Au lieu de redresser le courant inducteur, on peut aussi n'utiliser qu'une des deux alternances du courant induit. Dans ce cas, le courant alternatif alimente le conducteur primaire avec un interrupteur rapide ordinaire, et une soupape spéciale ne laisse passer dans le tube radiogène que les décharges dont le sens correspond aux connexions de l'anode et de la cathode. La soupape Villard (fig. 28) est fondée sur la propriété de la décharge de ne traverser que dans un sens les tubes de Crookes dont les électrodes sont de capacités très différentes. Elle contient une longue électrode placée au milieu d'un grand espace vide, et une petite électrode enfermée dans un espace restreint. Un pareil tube laisse passer le courant beaucoup plus facilement quand la grande électrode joue le rôle de cathode (fig. 29); il arrête presque complètement le courant de sens opposé.

Cette soupape est utile, même dans le cas où la bobine est alimentée par courant continu, car elle prévient les dégâts que risquerait de provoquer une décharge traversant à contresens le tube radiogène. On a vu que chaque courant inducteur produit deux courants induits de sens

Fig. 28. — Soupape Villard.

opposés : seul, le courant de rupture détermine ordinairement les polarités de la bobine, en raison de sa tension plus élevée qui lui permet de franchir un intervalle trop grand pour le passage de la décharge inverse. Cependant, si l'intensité du courant primaire vient à dépasser les limites prévues, la tension des deux courants induits s'élèvera, si bien que celle du courant de fermeture lui-même sera assez forte pour se frayer un chemin de la cathode à l'anode et détériorer le tube. Cet accident est évité en intercalant dans le circuit secondaire la soupape cathodique.

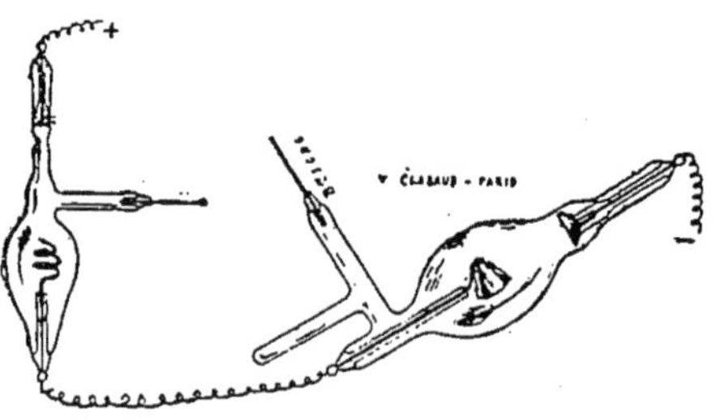

Fig. 29. — Montage de la soupape. Connexion avec le tube radiogène.

3. — **Tubes radiogènes.**

L'ampoule de Crookes, telle que l'avait employée Röntgen, se prête mal à un fonctionnement prolongé, et son rendement en rayons X est défectueux. Le premier obstacle que rencontrent les projectiles cathodiques est la source d'où jaillissent les rayons X : si cet obstacle n'est autre que la paroi de l'ampoule, le verre s'illumine, et l'énergie ainsi transformée en luminescence visible est perdue. De plus, la transformation des rayons cathodiques en rayons X ne s'accomplit pas sans un notable dégagement de chaleur : il s'ensuit que l'ampoule, faite d'un verre mince, se ramollit suffisamment pour s'aplatir progressivement sous l'action de la pression atmosphérique, qui n'est pas équilibrée par la pression intérieure, réduite à un millionième d'atmosphère. Cet échauffement serait surtout un défaut prohibitif, si l'on voulait réduire à un point la source des rayons X, en y faisant converger le flux cathodique : toute la chaleur se trouvant ainsi concentrée sur un espace très étroit, le tube serait mis immédiatement hors d'usage.

On a donc complètement renoncé à la disposition primitive, et, actuellement, les rayons X sont toujours produits à l'intérieur du tube, sur une plaque de métal peu fusible M (fig. 30), généralement fixée à l'extrémité de l'anode A. Cette plaque se trouvant placée en face de la cathode, dont elle reçoit le flux radiogène, est désignée sous le nom d'*anticathode.*

Comme il est avantageux, pour la netteté des ombres portées, de réduire à un point la source des rayons X, la cathode est formée d'une portion de sphère, dont le centre de courbure coïncide avec le milieu de l'anticathode. Les rayons cathodiques jaillissant normalement de chaque point de la cathode vont tous converger au même point de l'anticathode, qui devient ainsi le *foyer* de la cathode, d'où le nom de tube *focus* donné à ce genre de tube, universellement employé aujourd'hui. Cette disposition a été réalisée d'abord par S. Thomson, en 1896, à la suite des observations de M. Jean Perrin. Elle a été successivement perfectionnée par MM. Chabaud, Colardeau, Villard, etc., pour ne parler que des Français. L'anticathode est ordinairement inclinée de 45° sur l'axe de la cathode, afin que le faisceau de rayons X ne soit pas gêné par les électrodes et n'ait qu'à traverser la mince paroi de verre.

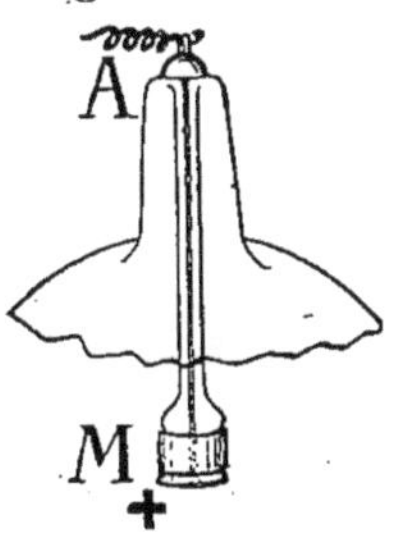

Fig. 30.
Anticathode.

La fig. 31 montre le tube focus tel qu'on le construisait au début. L'ampoule de verre T porte un prolongement étroit P par lequel on la relie à la pompe à mercure qui en chasse l'air jusqu'au degré voulu de raréfaction. M est la cathode, M′ l'anticathode d'où jaillissent les rayons X sous la forme d'un faisceau conique.

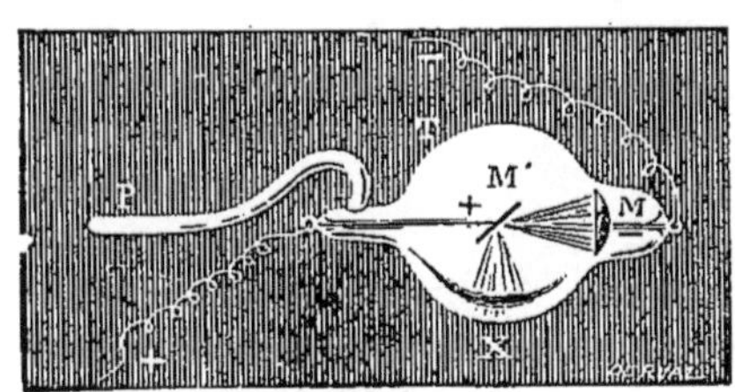

Fig. 31. — Tube focus.

Pour éviter la fusion de l'anticathode, qui s'échauffe fortement au point de concours des rayons cathodiques, on s'est d'abord servi de platine et de palladium. En 1905, MM. Siemens et Halske y ont substitué le tantale, qui est encore moins fusible que les deux métaux précédents. Cependant, le choix d'un métal réfractaire ne suffit pas encore pour assurer un fonctionnement durable aux tubes destinés à recevoir des décharges intenses et prolongées. Il faut alors recourir à des dispositifs spéciaux, évitant l'échauffement anormal de l'anticathode.

La fig. 32 représente le tube Gundelach, pour radiographie intensive. L'anticathode en est renforcée par de très fortes armatures de

platine et montée sur un bloc de fer massif relié à un tube de même
métal. La chaleur dégagée au foyer anticathodique se répartit dans
toute cette masse métallique, et la température ne peut y atteindre
un degré trop élevé. Pour empêcher la pulvérisation du fer sous

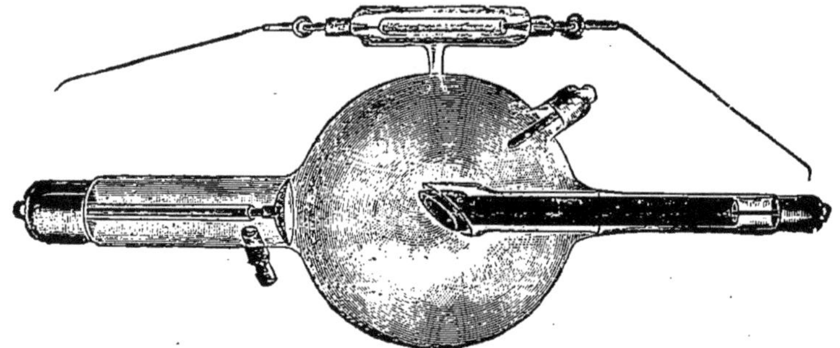

Fig. 32. — Tube Gundelach, pour radiographie intensive.

l'action des radiations, on le recouvre d'un enduit d'émail chauffé
au rouge.

Le modèle suivant (fig. 33) est destiné à la radiographie instan-

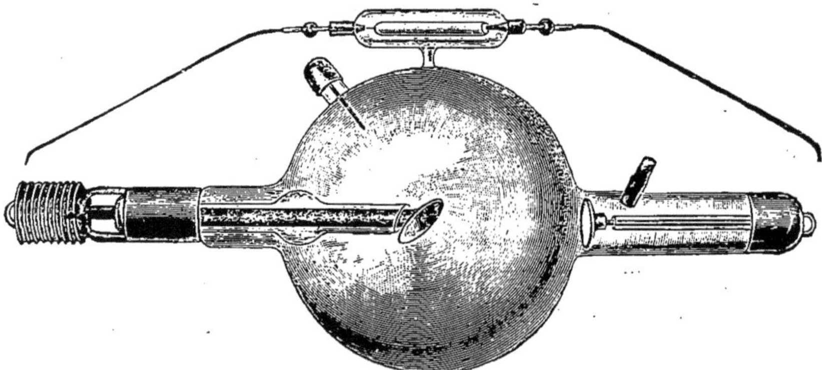

Fig. 33. — Tube avec radiateur à ailettes.

tanée. L'anticathode est formée d'un tube métallique portant d'un
côté, en regard de la cathode, un disque de platine. L'extrémité
extérieure est entourée d'un refroidisseur à ailettes. Par cette disposition, la température ne dépasse pas 200 degrés.

Pour les grandes intensités, on se sert aussi d'anticathodes

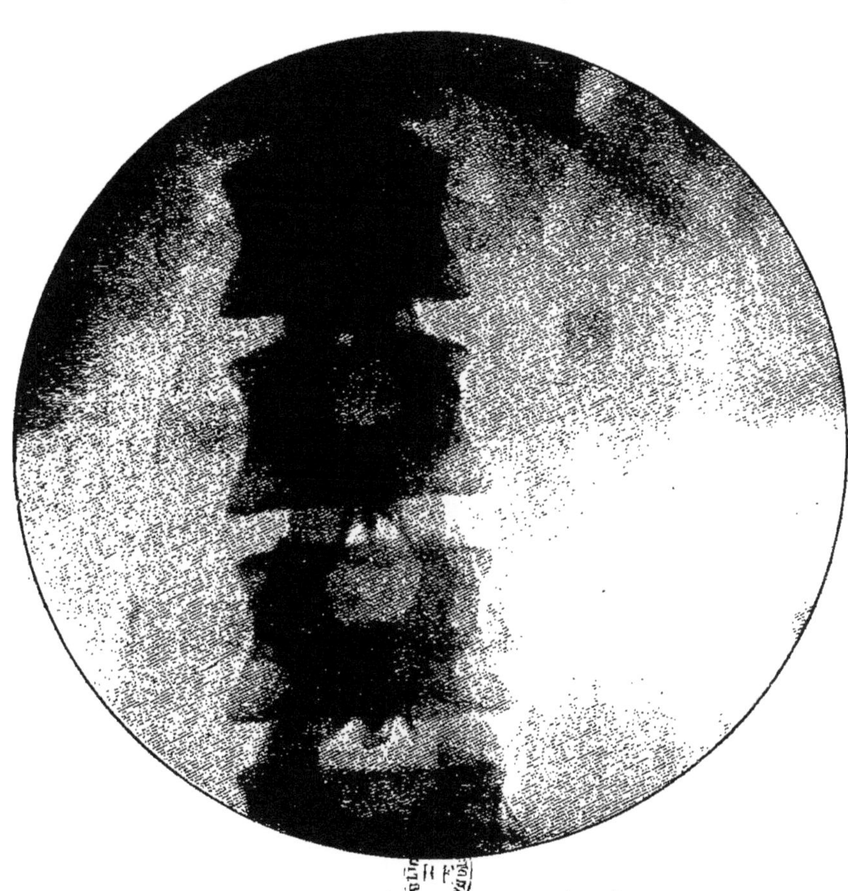

CALCUL DU REIN (A DROITE DES VERTÈBRES).

D'après un cliché exécuté sur plaque radiographique Lumière (Clinique du D' Gelibert).

refroidies par l'eau, comme le montre la fig. 34. On versé de l'eau dans le récipient B jusqu'aux deux tiers de sa hauteur. Pendant le fonctionnement du tube, l'eau est portée à l'ébullition ; la vapeur se condense en B′ et retombe en B. L'anode A M′, en contact direct avec l'eau, reste à 100 degrés, ce qui permet de soumettre le tube à de fortes décharges, pendant de longues séances.

Les parois de l'ampoule de Crookes sont presque partout au potentiel de l'anode, excepté dans le voisinage immédiat de la cathode. C'est pourquoi tous les tubes radiogènes portent à l'intérieur un prolongement dans lequel est enfermé l'axe de la cathode : sans cette enveloppe isolante, des étincelles éclateraient entre la cathode et les parois de l'ampoule, qui serait percée.

Sous l'action de la décharge, la cathode laisse échapper des particules métalliques qui se fixent sur le verre de l'ampoule et lui donnent un aspect métallique. Cette émission est faible, quand l'électrode est en aluminium, mais elle est beaucoup plus forte avec les métaux à poids atomique élevé. La métallisation se produirait donc avec une grande rapidité, si le courant venait à être inversé, puisque l'anticathode de platine jouerait alors le rôle de cathode.

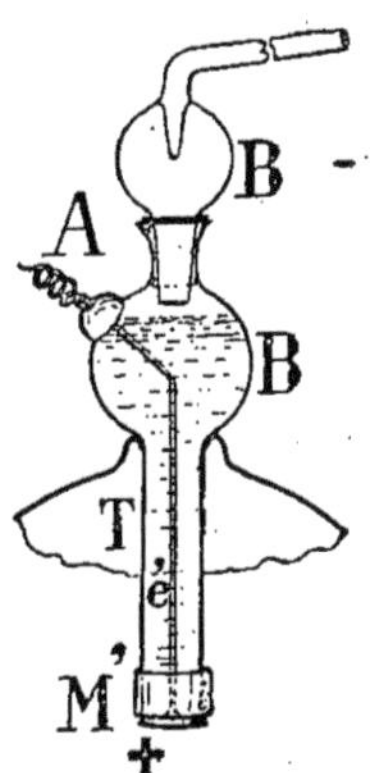

Fig. 34. — Anode à refroidissement.

Quoi qu'on fasse, du reste, la métallisation s'accomplit, à la longue, et l'une de ses conséquences est d'augmenter progressivement la résistance, la *dureté* du tube, le résidu gazeux qu'il contient étant peu à peu fixé par les particules métalliques. A mesure que le vide augmente, la vitesse des projectiles cathodiques s'accélère, ainsi que la force de pénétration des rayons X, dont la longueur d'onde se fait de plus en plus courte. Au delà d'un certain degré d'évacuation, le courant cesse de passer.

Suivant les cas, il y aura avantage à se servir d'un tube mou ou d'un tube dur. Divers moyens ont été proposés pour obtenir facilement le vide convenable. Quand le tube est *bianodique,* comme le tube Muret (fig. 35), on augmente la résistance en n'utilisant qu'une seule anode, *b* ou *c;* on la diminue, quand le tube est devenu trop dur, en reliant les deux anodes, comme l'indique notre dessin.

6

On peut régénérer un tube devenu trop résistant en le passant légèrement sur la flamme d'une lampe à alcool. Sous l'influence de la chaleur, une partie du gaz absorbé par occlusion se dégage et

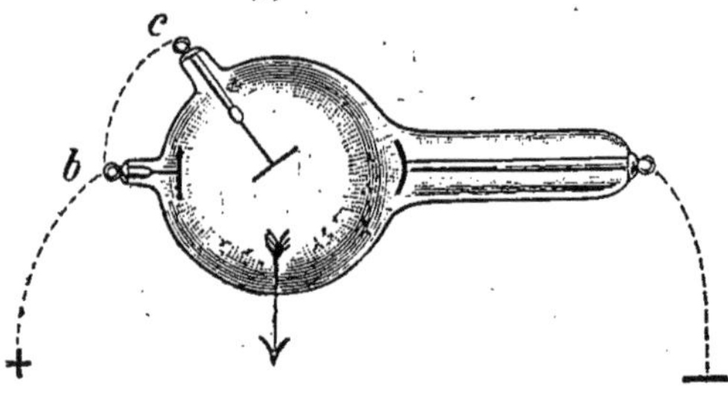

Fig. 35. — Tube bi-anodique Muret.

diminue le vide. Si, au contraire, le vide est insuffisant, il suffit d'inverser pendant quelques instants le sens du courant : la cathode sert d'anode, et réciproquement, et l'excès de gaz est réabsorbé. Toutefois, ces modes de régénération ne donnent de bons résultats qu'un certain nombre de fois. Aussi a-t-il fallu chercher autre chose.

Le procédé le plus employé consiste à introduire dans le tube,

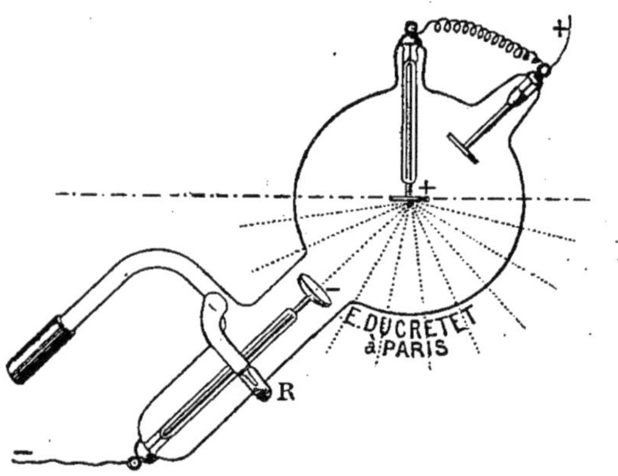

Fig. 36. — Tube à régulateur de vide par la potasse.

pendant sa fabrication, une matière capable de laisser échapper, sous l'influence de la chaleur, une très petite quantité de gaz qui compense l'excès de raréfaction. Tel est, par exemple, le tube de Zehnder, auquel est soudée une ampoule contenant du charbon absorbant qu'il suffit de chauffer pour libérer du gaz.

Crookes a utilisé la potasse caustique pour la régénération des tubes. Dans le modèle représenté fig. 36, la potasse est placée au fond d'un petit réservoir R. Quand le tube est trop vidé, on chauffe lentement ce réservoir sur une lampe à alcool. Lorsque, au contraire, le vide est insuffisant, on l'augmente en inversant le sens du courant pendant quelques instants.

M. Ch.-Ed. Guillaume modifie la raréfaction au moyen d'une anode supplémentaire terminée par une lame de palladium : en la chauffant ou en la prenant pour anode, on restitue ou on enlève à l'atmosphère intérieure du tube une minime quantité de gaz, de manière à obtenir le vide le plus favorable.

La fig. 37 représente un tube muni d'un régulateur à étincelle.

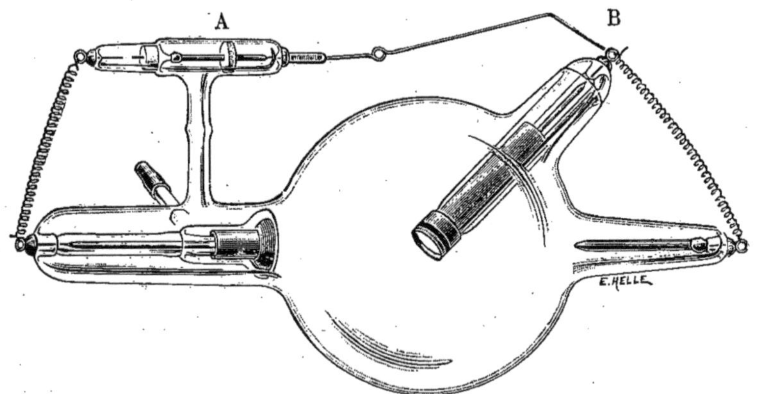

Fig. 37. — Tube avec régulateur à étincelle.

Lorsqu'il est devenu trop résistant, il suffit d'approcher de l'anticathode la tige B reliée au réservoir générateur A. Les étincelles qui jaillissent alors dans le petit tube chauffent la matière régénérante, et la résistance diminue. On peut effectuer cette opération pendant le fonctionnement du tube (en déplaçant la tige B au moyen d'une baguette isolante) et la renouveler aussi souvent qu'il est nécessaire.

Le fonctionnement du tube à régulateur automatique (fig. 38) est particulièrement intéressant. Ce régulateur permet de rendre à volonté le tube plus dur ou plus mou, ou de le maintenir constamment au même degré de résistance. Pour rendre le tube plus dur, on met le fil positif de la bobine en *s*, tandis qu'il est habituellement placé en A, et on écarte E de C au maximum. Veut-on rendre le tube plus mou, on met le fil négatif en *o*, au lieu de le laisser en C, ou bien, ce qui est préférable, on rapproche E de C. Pour

·maintenir le tube à une résistance constante, pendant toute la durée

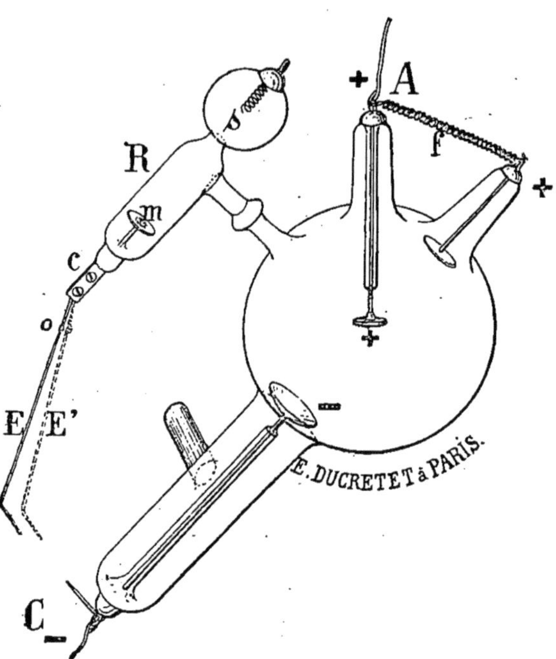

Fig. 38. — Tube à régulateur automatique du vide.

d'une opération, on place l'extrémité de E à une distance détermi-

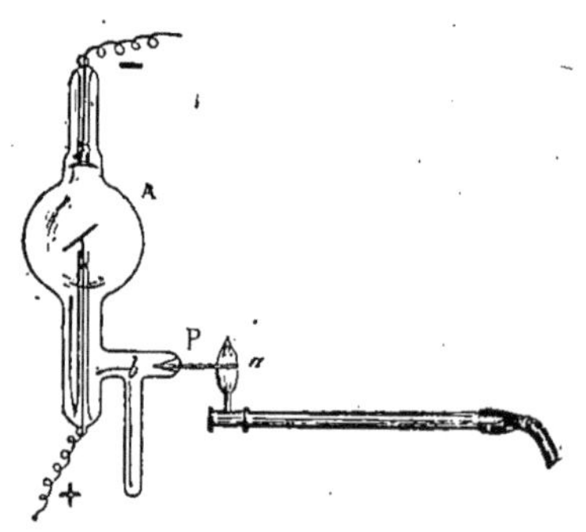

.Fig. 39. — Osmo-régulateur. Disposition
pour diminuer le vide.

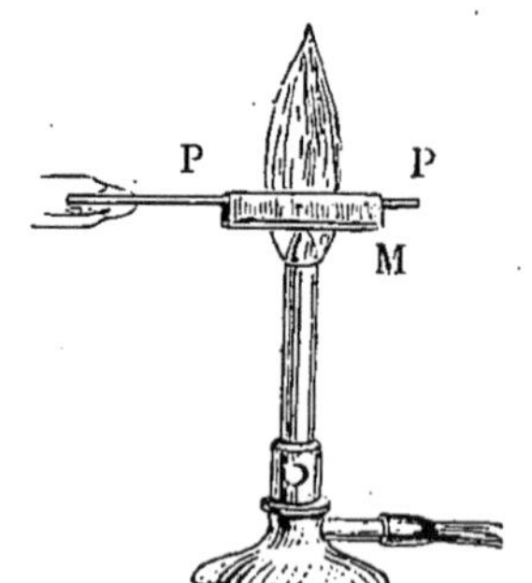

Fig. 40. — Osmo-régulateur. Disposition pour accroître le vide.)

née de C, par exemple 5 à 7 centimètres s'il s'agit de radiographier
une main, et 10 à 11 centimètres pour photographier le squelette

d'un thorax ou d'un bassin. Quand le tube durcit par le fonctionnement, des étincelles jaillissent de C en E et déterminent l'amollissement par la chaleur que provoque la décharge passant dans le tube auxiliaire R. Aussitôt que le tube est revenu à sa résistance primitive, les étincelles cessent de jaillir.

L'*osmo-régulateur* de M. Villard (fig. 39) est une merveille d'ingéniosité. Il est basé sur la propriété que possède le platine de devenir poreux à l'hydrogène, lorsqu'on le chauffe au rouge, comme l'a montré Sainte-Claire-Deville. Un tube de platine P, fermé à l'une de ses extrémités *a*, est soudé par l'autre bout *b* à l'ampoule radiogène A. En cas d'excès de vide, on chauffe le tube de platine sur un bec de gaz ou sur une lampe à alcool :

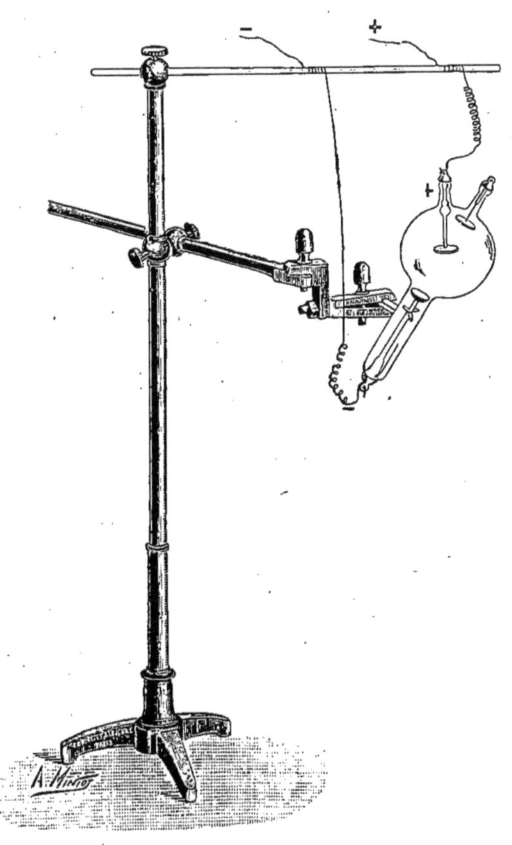

Fig. 41. — Support d'ampoule.

l'hydrogène de la flamme passe à travers le métal par osmose et pénètre dans l'ampoule qui devient ainsi moins résistante. Quand, au contraire, le vide est insuffisant, on coiffe le tube de platine P d'un manchon M de même métal (fig. 40), de plus grand diamètre, qui l'isole du contact de la flamme tout en laissant circuler l'air : par osmose encore, l'hydrogène sort du tube, et le vide convenable s'établit peu à peu. La sortie du gaz est beaucoup plus lente que son introduction, parce que la pression de l'hydrogène dans l'ampoule de Crookes est toujours très faible, mais elle s'effectue

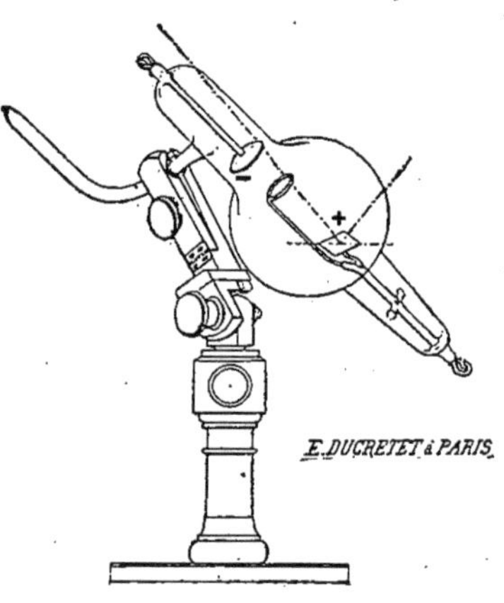

Fig. 42. — Support d'ampoule.

très régulièrement. Dès qu'on cesse de chauffer le tube, il redevient imperméable au gaz, qui ne peut plus ni rentrer ni ressortir. On arrive ainsi, par une manœuvre très simple, à régler si bien la force élastique de l'hydrogène dans l'ampoule, qu'il est toujours possible de l'amener, même en cours d'opération, aux meilleures conditions de fonctionnement.

M. Villard a également appliqué l'osmo-régulateur à sa soupape cathodique (fig. 28).

Les ampoules radiogènes s'adaptent à des supports dont les fig. 41 et 42 reproduisent les modèles les plus simples. Un jeu d'articulations permet de donner au faisceau de rayons X la direction voulue. Nous verrons plus loin d'autres supports destinés à certaines applications spéciales.

CHAPITRE IV

MESURE DES RAYONS X.

1. — Mesure de l'énergie électrique utilisée.

Suivant les divers cas qui se présentent dans la pratique de la
radiologie, il est nécessaire de produire un flux de rayons X plus

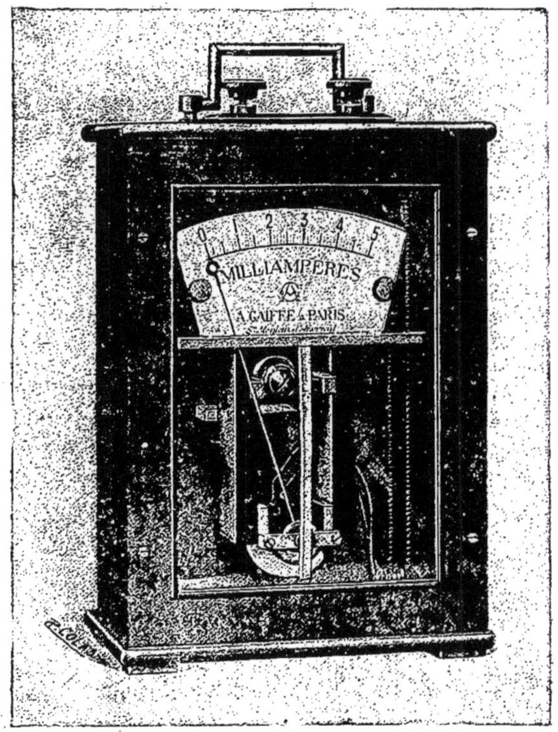

Fig. 43. — Milliampèremètre.

ou moins intense et plus ou moins pénétrant. Trop faible, le rayonnement ne déterminerait pas des effets suffisants; trop fort, il
risquerait de provoquer des accidents. Il est assez facile d'augmen-

ter ou de réduire la quantité de rayons X émis par l'ampoule, ainsi
que leur force de pénétration, car on peut augmenter l'intensité

Fig. 44. — Voltmètre électrostatique.

du courant inducteur ou la diminuer, et régler la résistance du
tube radiogène en faisant varier la pression intérieure du résidu
gazeux. Ce qui est plus difficile, et néanmoins essentiel, c'est de
connaître exactement, par comparaison avec des unités de mesure
bien déterminées, la quantité et la qualité des rayons X émis
à chaque instant.

Un premier moyen d'appréciation est fourni par la mesure de

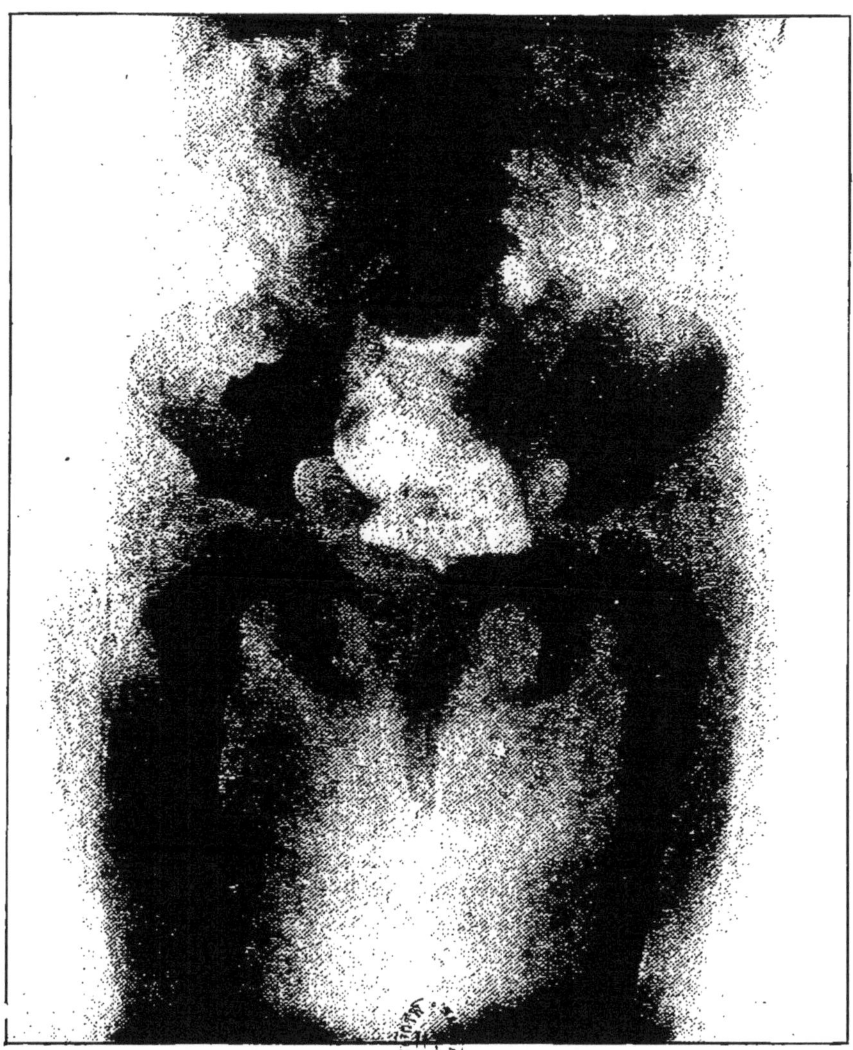

BRACELET AVALÉ PAR UN ENFANT ET ENGAGÉ DANS L'INTESTIN.

Plaque radiographique Lumière (Clinique du D' Geliberty).

l'énergie électrique qui passe dans l'ampoule. Le courant utilisé est porté à une haute tension, qui atteint généralement et parfois dépasse 50.000 volts ; mais l'intensité en est très faible et se chiffre seulement par millièmes d'ampère. Ces deux éléments seront aisément connus avec une grande précision, si l'on intercale un milliampèremètre dans le circuit induit, et si l'on branche un voltmètre en dérivation sur les électrodes du tube radiogène. La fig. 43 représente un milliampèremètre thermique de Gaiffe, fondé

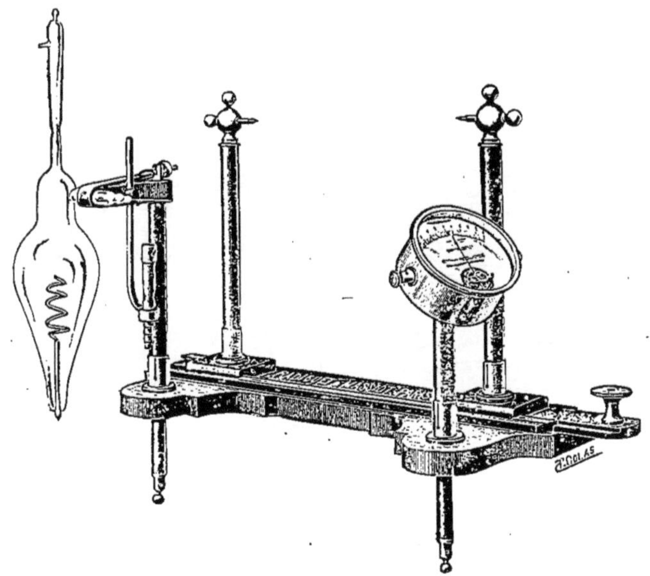

Fig. 43. — Distributeur de haute tension.

sur la dilatation d'un fil fin qui s'échauffe en raison de l'intensité du courant qui le parcourt. Le dessin suivant est la reproduction d'un voltmètre électrostatique construit par Ducretet : la tension y est mesurée par l'attraction qui s'exerce entre les charges électriqués de signes contraires communiquées à des secteurs fixes et à des secteurs mobiles.

La tension est également évaluée d'après la distance que l'étincelle est capable de franchir, à l'air libre. Sous le nom de *spintermètre* (de σπινθήρ, étincelle, et μέτρον, mesure), M. Béclère a présenté à la Société d'électrothérapie et de radiologie, en mars 1900, un

excitateur à écart mobile mesuré en centimètres. M. A. Buguet avait
déjà recommandé l'emploi d'un instrument analogue, en janvier
1897. C'est, à la fois, un mesureur d'étincelle et un parafoudre
pour le tube de Röntgen. On le branche en dérivation sur le circuit
secondaire, au delà de la soupape cathodique de Villard. La fig. 45
en reproduit un spécimen composé de deux pointes métalliques

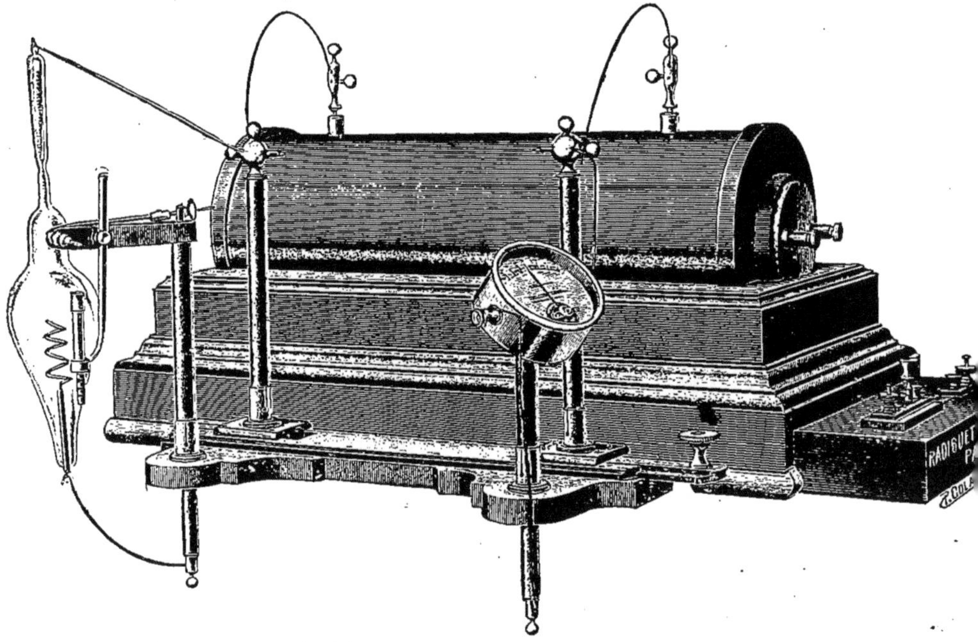

Fig. 46. — Connexions du distributeur de haute tension avec le circuit secondaire
de la bobine de Ruhmkorff.

montées chacune sur une colonne en ébonite reliée à un socle en
acajou. Une des colonnes est mobile, et la distance entre les pointes
est marquée très visiblement par un curseur sur une réglette divisée.
L'écart maximum des pointes est de 25 centimètres et correspond
au maximum de longueur d'étincelle compatible avec la conservation des ampoules.

L'ensemble du spintermètre, du milliampèremètre et de la soupape cathodique constitue le *distributeur de haute tension* dont la
fig. 46 montre les connexions avec le circuit secondaire d'une bobine
de Ruhmkorff. L'énergie électrique employée à la production des

rayons X est facile à préciser, lorsqu'on connaît l'intensité du
courant induit et sa tension : de même qu'en multipliant le débit
d'une chute d'eau par sa hauteur on en évalue la puissance, ainsi,
en effectuant le produit du nombre d'ampères par le nombre de
volts, on obtient le nombre de watts dépensés. Cette indication n'offre
qu'un médiocre intérêt, en radiologie, car la quantité de rayons X
qu'émet une ampoule ne demeure pas constamment proportionnelle
à la quantité d'énergie absorbée. Elle dépend aussi du degré d'évacuation du tube, et d'ailleurs, en deçà comme au delà d'un certain
état de vide, les rayons X cessent de se produire.

Cependant, les indications que fournissent les instruments de
mesures électriques sont loin d'être inutiles : elles peuvent donner,
d'une manière indirecte, des renseignements assez précis sur la
quantité et sur la qualité des rayons X, et ces données ont même
l'avantage, sur la plupart des autres méthodes, d'être recueillies
instantanément. Elles sont surtout utiles pour maintenir, au cours
d'une longue séance, la régularité de la radiation.

Si l'intensité varie, on la règle en déplaçant le curseur du rhéostat
intercalé dans le circuit inducteur, ou bien en agissant sur l'interrupteur. Si c'est la tension qui change, la cause en est due à une
modification du vide du tube radiogène : on y remédie à l'aide du
régulateur de vide. Les opérateurs exercés savent même prévenir
ces variations avant qu'elles se soient produites : le bruit insolite
de l'interrupteur, ceux du tube ou de la soupape, un changement
de teinte dans les parois du verre, l'aspect de l'anticathode, le moindre crépitement anormal sont pour eux autant d'indices, autant de
signes précurseurs d'un changement prochain, et ils savent y parer
avant que les instruments le signalent.

C'est pour faciliter ce contrôle constant que les appareils de mesure
et de réglage sont ordinairement groupés sur un même panneau.
Le poste de commande reproduit fig. 47 comprend l'interrupteur et
le coupe-circuit généraux, l'interrupteur à turbine, un ampèremètre,
un réducteur de potentiel, un inverseur. Des robinet permettent de
régler l'admission du gaz, soit dans l'interrupteur à jet de mercure,
soit dans les becs de Bunsen qui, en chauffant l'osmo-régulateur du
tube ou de la soupape, y font pénétrer de l'hydrogène pour en diminuer la raréfaction. On voit (fig. 45 et 46) à gauche du distributeur de
haute tension, le bec de gaz placé au-dessous du tube de platine de

la soupape Villard : en marche régulière, la flamme est baissée en veilleuse ; quand l'ampoule durcit, l'opérateur n'a qu'à tournér un

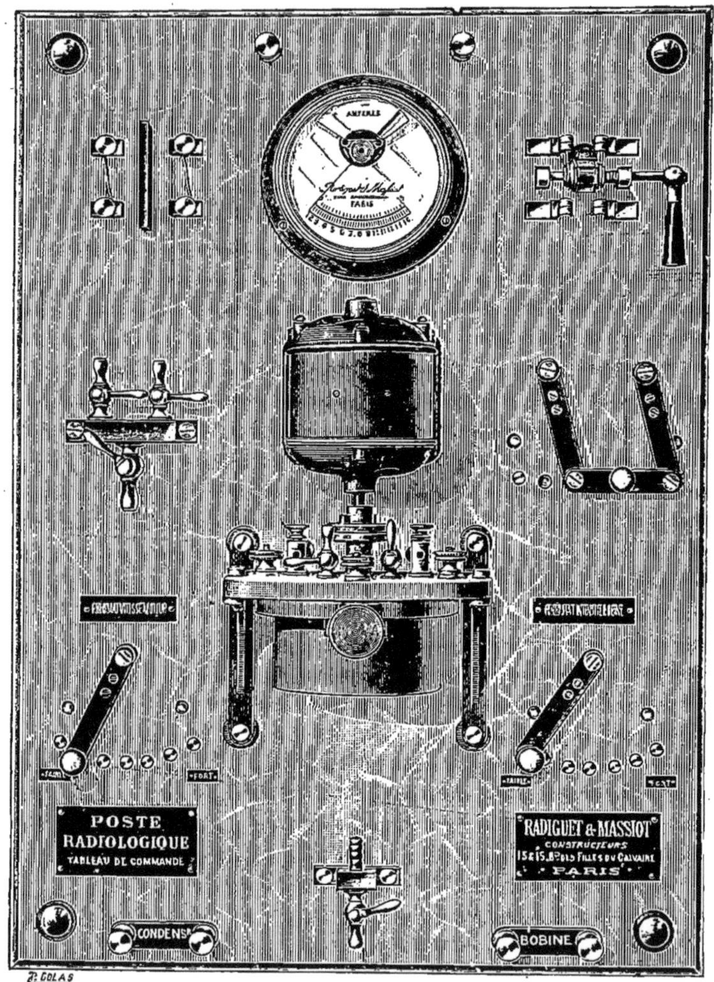

Fig. 47. — Tableau mural de commande.

robinet du poste de commande pour que la flamme monte et porte le platine à la température où il devient perméable à l'hydrogène.

2. — **Quantitométrie.**

Les multiples propriétés des rayons X ont suggéré divers moyens d'en mesurer la quantité. C'est ainsi qu'on a mis à profit certaines réactions chimiques déterminées par leurs radiations, ainsi que leur pouvoir ionisant et leur action sur les substances fluorescentes.

La quantitométrie chimique est basée sur le changement d'aspect que subissent quelques substances exposées au rayonnement du tube de Crookes. Goldstein avait remarqué que le chlorure et le bromure de sodium se colorent sous l'influence des rayons cathodiques. Holtzknecht reconnut que les rayons X les colorent aussi, et que la coloration de ces sels est proportionnelle à la quantité de radiations qu'ils reçoivent. Le *Chromoradiomètre* de Holtzknecht est un godet de sels (dont la composition exacte n'a pas été divulguée) que l'on place à côté de l'objet soumis aux rayons X. La teinte du godet vire et peut être comparée aux teintes d'une échelle étalon. L'unité de rayonnement adoptée par Holtzknecht, qui la désigne sous le nom d'*unité H,* correspond au tiers de la dose compatible avec l'intégrité des tissus. Ainsi, il faut 3 H pour épiler un sujet jeune, et 4 H pour les sujets âgés. La comparaison des teintes est assez délicate, et il est parfois difficile de préciser le virage, à une et même à deux teintes près. En outre, la constance des sels n'est pas certaine, et rien ne prouve que le virage s'arrête quand cesse l'irradiation.

Le platinocyanure de baryum brunit, sous l'action des rayons X. Cette réaction, découverte par M. Villard en 1900, a été appliquée par les Drs Sabouraud et Noiré à la construction d'un quantitomètre auquel ils ont donné le nom de *Radiomètre X.* Le but de cet instrument (fig. 48) est d'indiquer la dose de radiation qui peut être reçue sans inconvénient, dans les applications radiothérapiques. Il se compose d'un carnet contenant un certain nombre de pastilles au platinocyanure de baryum et de deux carrés de papier coloriés servant d'étalons. Le premier carré (teinte A) correspond à l'aspect du réactif avant son exposition aux rayons X ; le second (teinte B) sert à déterminer le moment où l'action radiothérapique doit être arrêtée. La méthode à suivre est bien simple. Si l'on soumet à l'action des rayons X une des pastilles, sa teinte normale jaune vire après un certain temps d'exposition jusqu'au marron clair.

Cette nouvelle coloration est alors comparée à la teinte B, qui correspond à la dose maxima d'irradiation que peut recevoir la peau humaine, sans qu'il s'ensuive de l'érythème, ou une radiodermite ou une alopécie définitive. La teinte B correspond à 5 unités H de l'échelle de Holtzknecht.

L'effet des radiations diminuant proportionnellement au carré de la distance, le D{^r} Haret a construit un *porte-radiomètre* destiné à maintenir le réactif Sabouraud et Noiré à 8 centimètres du point

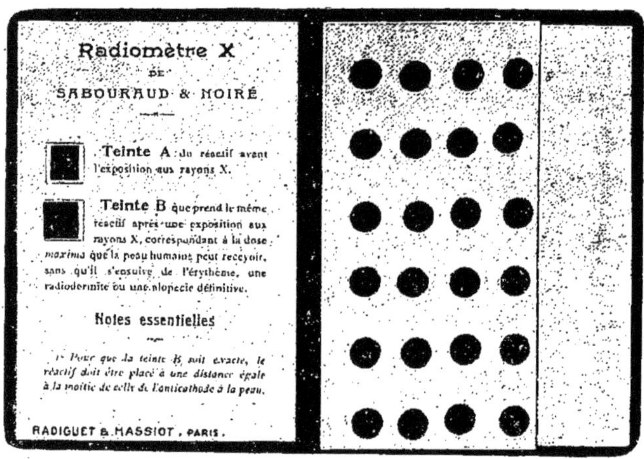

Fig. 48. — Radiomètre X.

d'émission des rayons X. Une règle divisée assure exactement ce réglage, quelles que soient les dimensions du tube employé. Une tige creuse servant de viseur permet de placer le réactif sur le trajet d'un rayon normal. Le réactif est en outre protégé de la lumière du jour qui tend à le ramener à sa teinte initiale.

Le chromoradiomètre du D{^r} Bordier est une modification du dispositif de Sabouraud et Noiré. Il comporte une série de teintes étalons dont chacune correspond à une dose de rayons produisant sur la peau un effet déterminé, depuis l'érythème simple et passager jusqu'à la nécrose.

Le D{^r} Bordier a adopté une unité spéciale, l'*unité* I, qui équivaut à environ 4/3 d'unité H. Cette unité a été déterminée à l'aide d'une autre action chimique des rayons X. Sous l'influence de ces radiations, l'iodoforme en solution chloroformique à 2 p. 100 se décom-

pose, et l'iode libéré donne à la liqueur une coloration rouge dont
l'évaluation permet de mesurer la quantité de rayons absorbés. -
Cette appréciation colorimétrique s'effectue à l'aide d'une échelle
constituée par une solution d'iode et colorée extérieurement par
l'acide picrique pour arriver à la teinte de la solution d'iodoforme
et d'iode libre. L'unité I que MM. Bordier et Galimard ont tirée de
cette méthode est la quantité de
rayons X qui, agissant sur la solution suivant l'incidence normale, suivant une surface de 1
centimètre carré et suivant une
épaisseur de 1 centimètre, est
capable de mettre en liberté 1/10
de milligramme d'iode.

MM. Hurmuzescu et Benoist
ont proposé la méthode *ionométrique,* fondée sur la propriété
que possèdent les rayons X de
décharger les corps électrisés en
ionisant l'air, c'est-à-dire en le
rendant conducteur. La fig. 49
représente l'électroscope construit dans ce but par M. Ducretet. La cage métallique C contient
deux feuilles d'or *ff'* attachées
par leur extrémité supérieure à
la lame verticale *t.* Cette lame

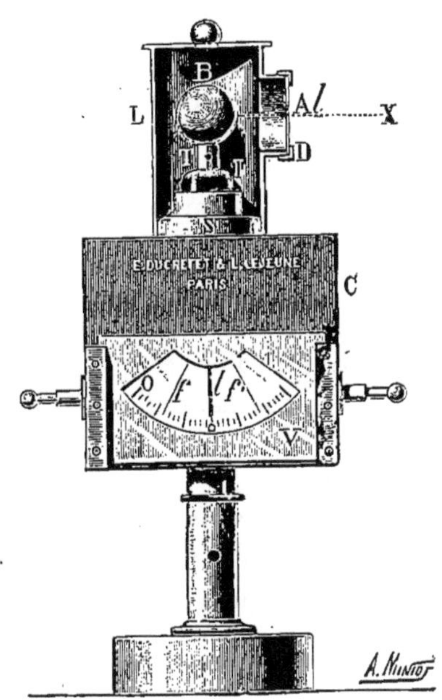

Fig. 49. — Electroscope.

traverse le bloc isolant de *pécite* S (mélange de poix et de plâtre).
Le sommet T du conducteur supporte une boule de charge B, entourée d'une cage de garde L. Cette cage est percée d'une fenêtre
circulaire D à laquelle s'adaptent des disques de diverses substances, lorsqu'on veut comparer leur perméabilité aux rayons X. Pour
les mesures quantitatives, on interpose généralement un disque en
aluminium Al. L'écartement des feuilles d'or, lorsqu'elles sont
électrisées, est mesuré par la graduation O gravée sur la glace V.

Pour charger l'électroscope, on approche de la boule B un bâton
d'ébonite préalablement frotté sur une étoffe de laine; on pose un
instant le doigt sur la boule de charge, on le retire et l'on écarte

ensuite le bâton électrisé : les feuilles d'or divergent. On coiffe alors la boule de la cage de garde, on dirige vers la fenêtre A*l* le faisceau de rayons X, et on compte le temps que mettent les feuilles *ff'* à revenir au contact de la lame *t*. Il va sans dire que les mesures ne sont comparables que si le tube radiogène est toujours à la même distance, un mètre par exemple, de la boule de charge. Quand cette condition est réalisée, le nombre de secondes qu'exige la décharge mesure l'intensité de la radiation. Inversement, la quantité de rayons nécessaires à la décharge peut être prise pour unité. Cependant, pour effectuer des mesures quantitatives par la méthode ionométrique, il vaut mieux employer le dispositif imaginé par M. Villard. Un électromètre chargé à un potentiel déterminé, 110 volts par exemple, est progressivement déchargé par les rayons X. Mais, quand l'aiguille électrisée a dévié d'une certaine quantité, elle établit un contact qui la ramène au potentiel initial. Elle exécute ainsi une série d'oscillations qui sont totalisées sur le cadran d'un compteur. Cet instrument est très sensible : chaque saut de l'aiguille du compteur correspond à 1/5 d'unité H, ce qui est plus que suffisant pour les besoins de la pratique.

La méthode de mesure *fluoroscopique* consiste à comparer la fluorescence provoquée par les rayons X avec celle que donne une source de radiations d'intensité déterminée. M. Contremoulins avait proposé pour étalon un bec à acétylène. Le Dr Guilleminot emploie le radium. Son appareil, le *M-Fluoromètre*, se compose d'une boîte dont l'un des côtés porte un double œilleton, pour l'examen binoculaire. La paroi opposée est en plomb : elle est percée d'une fenêtre carrée, fermée par une lame de verre au plomb devant laquelle s'adapte un écran de platinocyanure de baryum. Un volet de plomb, disposé devant l'écran, est percé de deux orifices de 1 centimètre de diamètre. L'un est destiné à laisser passer les rayons X, à travers une feuille de papier noir ; l'autre est entouré d'une bague taraudée dans laquelle se visse un cylindre contenant un fragment de radium.

Lorsqu'on regarde à travers les oculaires, on aperçoit un disque lumineux : c'est la plage irradiée par le radium. Si l'on vise un tube radiogène en fonctionnement, on voit apparaître un second disque correspondant à l'orifice garni de papier noir. La luminosité de cette seconde plage peut être supérieure, égale ou inférieure à

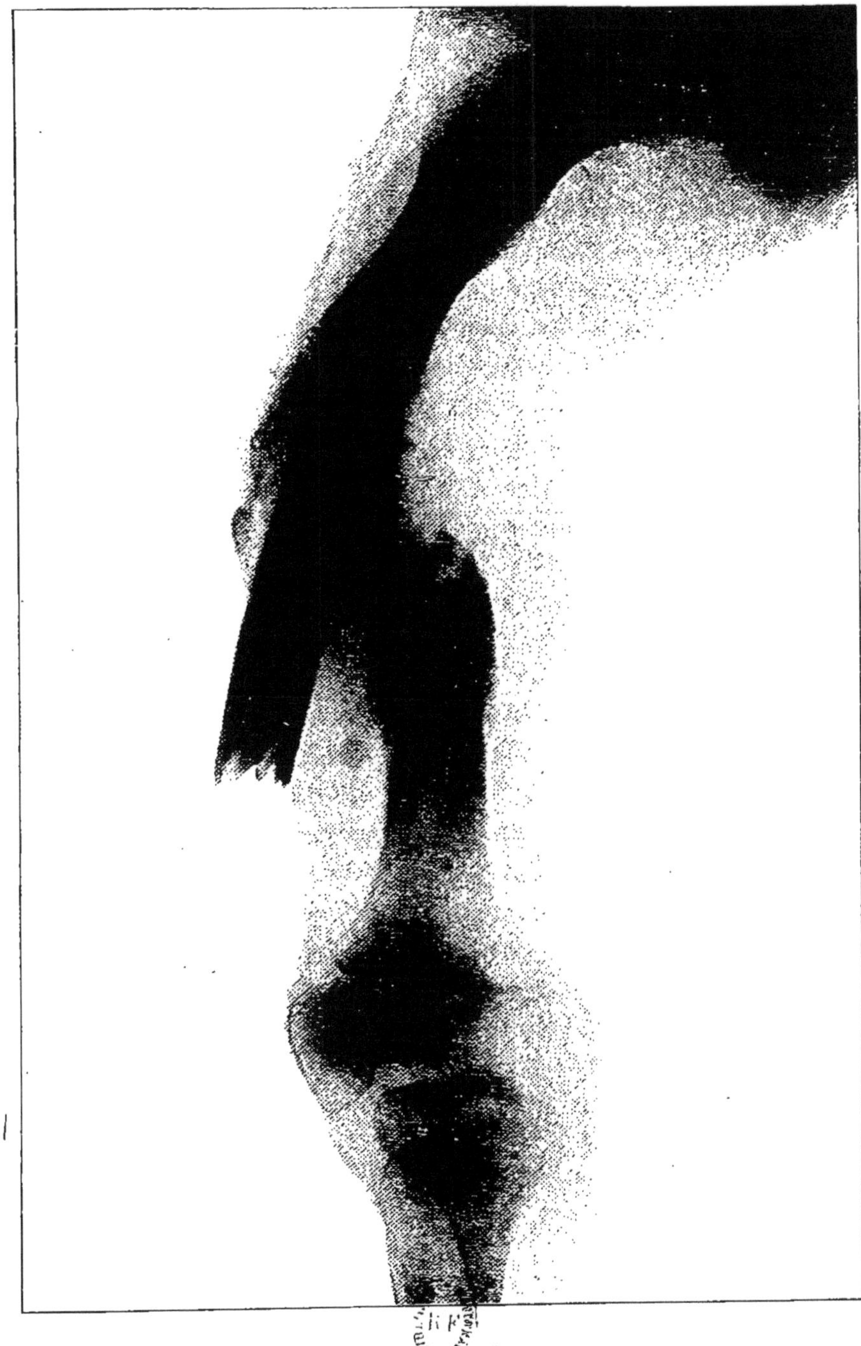

FRACTURE DU FÉMUR.

Plaque radiographique Jougla (Hôpital des Enfants-Malades).

celle de la première, suivant l'intensité des rayons X et suivant la distance qui sépare l'écran de l'ampoule de Crookes. En s'éloignant ou en se rapprochant, on arrive à voir les deux disques également lumineux. Un ruban métrique fait connaître la distance exacte entre l'écran et le centre de l'anticathode. Un barême établi d'après la loi du carré des distances fait immédiatement connaître la quantité de rayonnement que reçoit par minute un sujet placé à une distance déterminée de l'anticathode.

L'étalon adopté par le Dr Guilleminot est constitué par 2 centigrammes de bromure de radium d'activité 500.000 (l'activité de l'uranium étant représentée par 1 et celle du radium pur par 2.000.000) étalé sur une surface de $1^{cm2},75$. Il est placé à 2 centimètres en arrière de l'écran fluorescent, composé de cristaux de platinocyanure de baryum montés sur une feuille de bristol mince, dont le coefficient d'absorption pour les rayons X est négligeable. L'écran peut tourner dans son plan, de telle sorte que chaque plage soit alternativement irradiée par les rayons X et par le radium. De plus, après chaque mesure, on expose l'écran à la lumière, afin d'éviter l'effet Villard (altération des propriétés fluorescentes).

L'unité d'intensité que le Dr Guilleminot a choisie et qu'il a appelée l'*unité M* est le quadruple de l'intensité de rayonnement capable de donner à l'écran une fluorescence égale à celle de la plage étalon.

En voici la définition chimique :

C'est l'intensité de rayonnement qui, agissant normalement sur la solution chloroformique à 2 p. 100 d'iodoforme, suivant 1 centimètre carré de surface et 1 centimètre de profondeur, libère 1 gramme $\times$ 10-8 d'iode en 1 seconde.

L'unité de quantité du Dr Guilleminot est la quantité de rayonnement donnée en 1 minute par l'unité M d'intensité. Il faut environ 166 M pour faire 1 unité I de Bordier, et 125 M pour faire 1 H de Holtzknecht en rayons n°s 5-6 (on verra au paragraphe suivant ce que signifient ces deux derniers chiffres).

Ce qui a surtout déterminé le Dr Guilleminot à choisir une unité plus petite que les précédentes, c'est que 1 M est la dose de rayonnement nécessaire et suffisante pour obtenir une bonne radiographie d'une région de 1 centimètre d'épaisseur, telle que le doigt humain. En général, il faut autant d'unités M que la région à radiographier à de centimètres d'épaisseur. Toutefois, ces données ne sont qu'approximatives, car il faut tenir compte de la nature des organes. Une région qui, comme le bassin, renferme des tissus mous, demandera plus de pose que le thorax, à épaisseur égale.

En radiothérapie, il faut environ 400 M de rayons n° 5 pour obtenir la plus faible réaction cutanée. L'épilation du cuir chevelu s'effectue avec 500 M, au total, de n° 5, en une ou deux séances. La dose la plus forte que l'on puisse supporter par mois est de 1.200 M.

Ces différentes unités tour à tour proposées ne sont pas faites pour apporter la clarté nécessaire dans le dosage des rayons X. La multiplicité des unités de mesure ne peut que produire des complications, sinon des confusions et de graves erreurs. « Lorsque, dit M. A. Buguet, tout le monde scientifique, tous les gouvernements aussi, travaillent à rendre aussi cohérent que possible le système d'unités à mettre aux mains de tous, voilà-t-il pas que les radiologues vont s'atteler à l'envers à la même charrue? »

On s'efforce de rattacher les unes aux autres toutes les vibrations connues, depuis les radiations électriques jusqu'aux rayons X, et le *phot* peut aussi bien mesurer ceux-ci que les ondulations lumineuses. Il serait donc à souhaiter qu'une entente intervienne pour substituer à des unités plus ou moins arbitraires un moyen de mesure rapporté au phot, qui est l'unité de lumination universellement employée depuis 1891.

3. — Qualitométrie.

Une quantité déterminée de rayons X peut produire des effets très différents, suivant l'état de raréfaction du tube radiogène. Un tube peu vidé, mou, donne naissance à des rayons facilement absorbés; à mesure que la pression intérieure diminue, le pouvoir pénétrant des radiations jaillies de l'anticathode s'accroît. Les rayons mous accusent, en radioscopie et en radiographie, de grandes différences entre l'opacité des os et la transparence des chairs, mais leur action est limitée aux organes peu épais. Les rayons durs sondent au plus profond de l'organisme et permettent d'abréger la pose photographique, mais révèlent moins de détails. En radiothérapie, il faut utiliser des rayons plus ou moins pénétrants, suivant la nature de la maladie et suivant la profondeur de l'organe à soigner.

Entre les rayons mous et les rayons durs, il y a une différence de même nature que celle qui distingue les uns des autres les rayons lumineux de diverses couleurs. Les rayons X sont des ondulations de l'éther, qui se font plus fréquentes et plus courtes à mesure que s'accroît le vide à l'intérieur de l'ampoule de Croo-

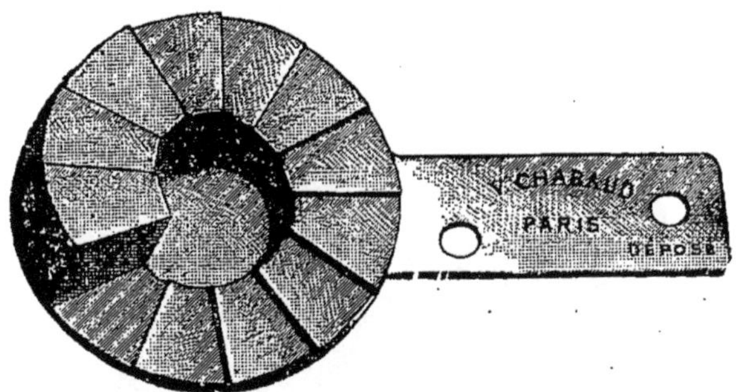

Fig. 50. — Radiochromomètre.

kes : si nous les comparons aux ondes comprises dans le spectre visible, nous pourrons rapprocher les rayons les plus mous des rayons rouges, et les rayons les plus durs des rayons violets.

Mais, tandis que pour la lumière notre œil distingue les couleurs, l'appréciation de la qualité des rayons X échappe à nos sens et exige l'emploi d'instruments spéciaux.

M. L. Benoist, dans ses recherches sur la transparence des corps, a trouvé un moyen précis de caractériser la qualité des rayons X. En interposant diverses lames entre un tube radiogène et un écran fluorescent, on aperçoit une ombre d'autant plus opaque que les radiations sont plus absorbées. Si l'on juxtapose une substance très opaque et une substance plus facilement pénétrée, on ne pourra observer deux ombres identiques qu'à la condition d'augmenter suffisamment l'épaisseur du corps le plus transparent. Cependant, les ombres ainsi obtenues ne resteront identiques que si le tube radiogène conserve le même degré de raréfaction : si le vide augmente ou diminue, il faudra augmenter ou diminuer l'épaisseur de l'une des deux substances. En d'autres termes, le rapport entre les opacités de deux corps varie suivant

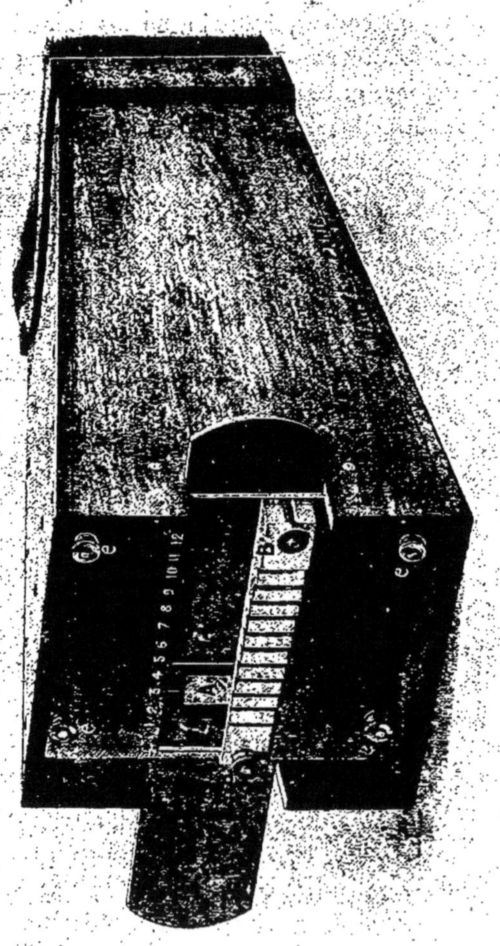

Fig. 54. — Pénétratomètre.

la longueur d'onde des radiations. C'est sur cette différence qu'est basé le *Radiochromomètre* de Benoist, ainsi nommé parce qu'il permet de distinguer les divers rayons X, de même que notre œil distingue les diverses couleurs (χρῶμα) dans le spectre visible.

Cet instrument (fig. 50) est composé d'un disque d'argent de 11 centièmes de millimètre d'épaisseur, entouré de douze secteurs en aluminium, dont l'épaisseur varie de 1 à 12 millimètres. Pour apprécier la composition moyenne des rayons émis par un tube et leur degré de pénétration, il suffit de placer le radiochromomètre entre le tube et un écran fluorescent ou une plaque photographique. On reconnaît alors, par radioscopie ou radiographie, quel est le secteur d'aluminium dont l'opacité se rapproche le plus de celle du disque d'argent. L'usage s'est établi de définir la pénétration des rayons par le numéro d'ordre du secteur qui donne la même ombre que le disque de comparaison. Les secteurs sont numérotés de 1 à 12, du plus mince au plus épais : les rayons X les moins pénétrants donnent la même ombre, après avoir traversé la lame d'argent et le secteur n° 1; c'est pourquoi on les désigne sous le nom de rayons n° 1. Les rayons les plus pénétrants, au contraire, correspondent au n° 12. Nous avons cité, dans le paragraphe précédent, deux cas où l'on utilise des rayons n° 5 : ce sont des rayons moyens.

Le *Pénétratomètre* (fig. 51) du Dr J. Belot est établi sur le même principe que le radiochromomètre. L'échelle d'aluminium B B′ a les mêmes épaisseurs et donne par conséquent les mêmes indications. Son avantage est de faciliter les mesures radioscopiques. L'échelle est fixée sur la paroi *e e* d'une chambre noire dont l'extrémité opposée s'ouvre sur un double oculaire. La tirette T porte l'écran fluorescent; elle est percée d'une ouverture dont la moitié est occupée par la lame de comparaison en argent A. En déplaçant la tirette, on amène l'écran devant les divers degrés de l'échelle, et on peut juger exactement du moment où les deux teintes sont égales, rien ne venant troubler ni fausser l'observation. En retournant l'appareil, on lit sur une graduation le degré radiochromométrique mesuré.

CHAPITRE V

1. — Méthodes radioscopiques.

La radioscopie est fondée sur la luminescence provoquée par les
rayons X. En interposant le sujet à examiner entre la source des
radiations et une surface fluorescente, on distingue une silhouette
formée des parties plus ou moins opaques aux radiations.

Les écrans radioscopiques étaient primitivement constitués par
du platinocyanure de baryum pulvérisé et incorporé à du collodion à l'acétate d'amyle qu'on étendait sur une feuille de carton.
Ce mode de préparation a l'inconvénient de donner une surface
granuleuse, qui nuit à la finesse des images. Radiguet a constaté
qu'un grand nombre de matières vitrifiées s'illuminent, sous l'influence des rayons X, et cette observation l'a conduit à fabriquer
des écrans radioscopiques absolument dépourvus de grain. Néanmoins, le platinocyanure est encore usité actuellement. M. Villard
a remarqué que ce composé épuise sa sensibilité, sous l'action
prolongée des rayons X : après chaque examen radioscopique, il
est nécessaire de revivifier l'écran fluorescent, en l'exposant à la
pleine lumière du jour.

M. Charles Henry a proposé l'emploi d'écrans au sulfure de
zinc, qui reste phosphorescent sous l'action des rayons X, assez
longtemps pour qu'on puisse examiner les silhouettes à loisir et
même les dessiner. Cette méthode offre, en quelque sorte, la tran-
sition entre la radioscopie ordinaire, qui ne donne que des renseignements instantanés, et la radiographie qui produit des documents durables.

Pour que les images soient bien visibles sur l'écran, l'examen
radioscopique doit se faire dans une pièce obscure. On distingue
alors très nettement, sur la surface luminescente, les ombres plus
ou moins intenses portées par les objets plus ou moins imperméa-
bles aux rayons X. Lorsqu'il n'est pas possible d'opérer dans

l'obscurité, il faut alors se servir d'appareils spéciaux préservant
l'observateur de la lumière extérieure. Les divers dispositifs ima-
ginés dans ce but : *entoscope, lorgnette humaine,* etc., sont tous

Fig. 52. — Matériel de radioscopie, — **E**, entoscope. — **D**, écran. — **P**, support de l'ampoule. — **F**, soupape cathodique. — **C**, bobine. — **B**, instruments de mesure et de
réglage. — **A**, accumulateur.

fondés sur le même principe, et la construction en est bien simple.
L'écran fluorescent forme l'une des parois d'une boîte opaque
E (fig. 52), et la paroi opposée à l'écran porte un œilleton à travers
lequel l'observateur regarde la projection du sujet à examiner,
placé entre l'écran et le tube radiogène.

Ces dispositions si simples fournissent immédiatement des indices
précieux sur la structure intérieure des objets à étudier. L'examen
radioscopique précède souvent la radiographie et la rend parfois

inutile. Cependant, la simple projection ne donne que rarement des renseignements exacts sur la position de tel ou tel détail. Remarquons, en effet, que les dimensions de l'image projetée sur l'écran dépendent des distances qui séparent l'ampoule du sujet, et le sujet de l'écran. Si, par exemple, le sujet est placé à égale distance entre le foyer cathodique et la surface fluorescente, une construction géométrique bien simple montrera que ses dimensions seront doublées sur l'écran. Pour un objet peu épais, tel qu'une main, il n'en résultera pas grand inconvénient, d'autant plus qu'il suffira de l'appliquer tout près de l'écran pour en avoir une ombre assez exacte. Mais il en serait tout autrement, si l'examen radioscopique avait pour objet un thorax. Il est bien évident que les vertèbres ne seraient plus projetées à la même échelle que le sternum, et, lorsqu'il s'agit de rechercher la position précise d'un projectile ou le siège d'une lésion, un simple examen radioscopique pratiqué suivant les méthodes précédentes ne fournirait que des indications très imparfaites, sinon tout à fait erronées.

M. Villard a proposé, en 1901, d'éclairer le sujet par un tube radiogène double projetant alternativement deux silhouettes sur l'écran fluorescent. L'examen s'effectue à travers deux oculaires, alternativement fermés par un obturateur. Chaque œil ne voit ainsi que la silhouette correspondant à la perspective que lui offrirait le sujet, s'il était transparent; mais, en réalité, les obturations se succèdent assez rapidement pour que la persistance des images rétiniennes donne l'illusion d'une impression visuelle continue, et les conditions de la vision binoculaire se trouvent parfaitement réalisées : l'intérieur des corps est vu ainsi avec son relief, comme dans un stéréoscope. Cependant, la complication relative du mécanisme nécessaire à ce mode d'examen l'a empêché de se répandre, malgré ses avantages.

Du reste, la radioscopie de précision procède actuellement d'une méthode plus sûre : l'*orthodiascopie*. Le faisceau de rayons X est intercepté par un diaphragme de plomb percé seulement d'une étroite ouverture. Les radiations utilisées sont ainsi réduites à un mince filet, et l'écran est placé dans une direction exactement perpendiculaire à celle des rayons. Il est clair que, dans ces conditions, la zone illuminée est limitée à un cercle très restreint, presque à un point. Mais, en déplaçant peu à peu le tube radio-

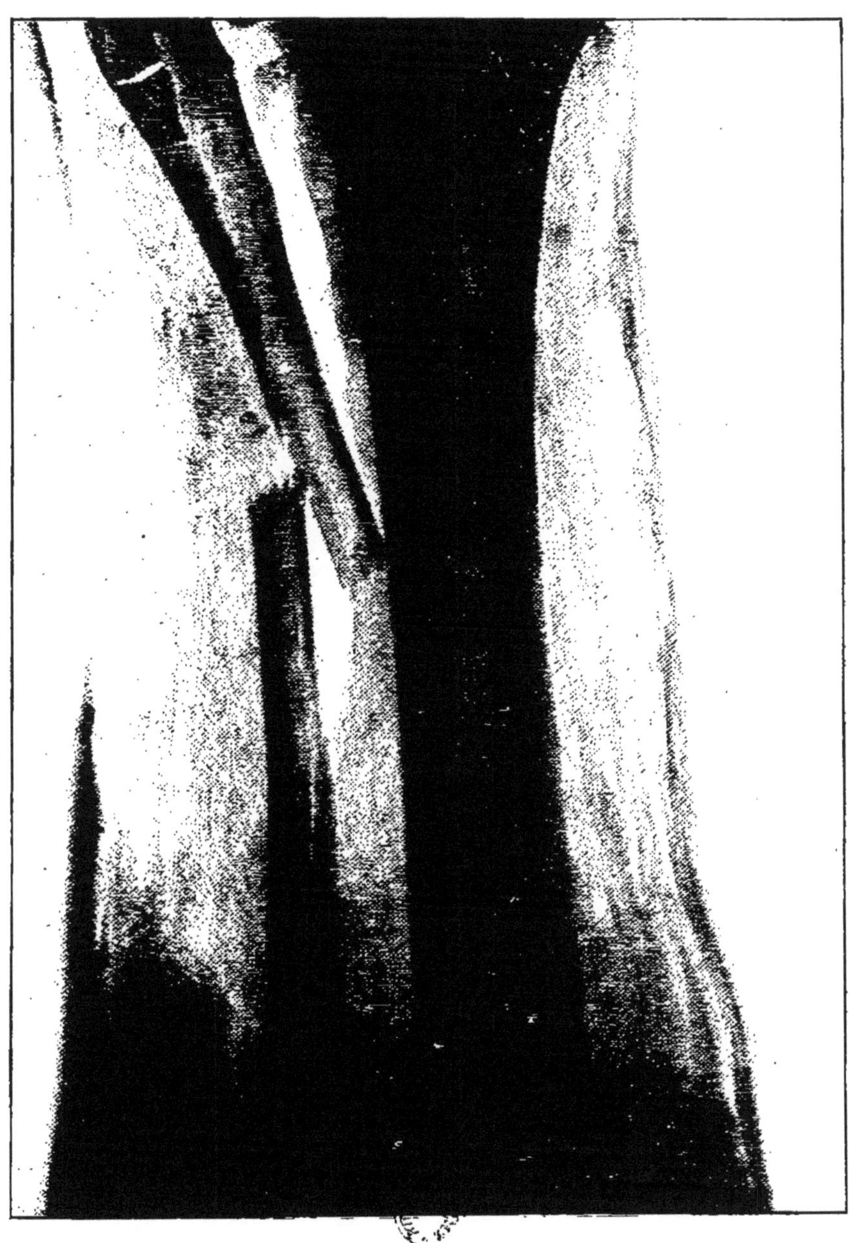

FRACTURE DU PÉRONÉ.

Plaque radiographique Jougla (Hôpital Laennec).

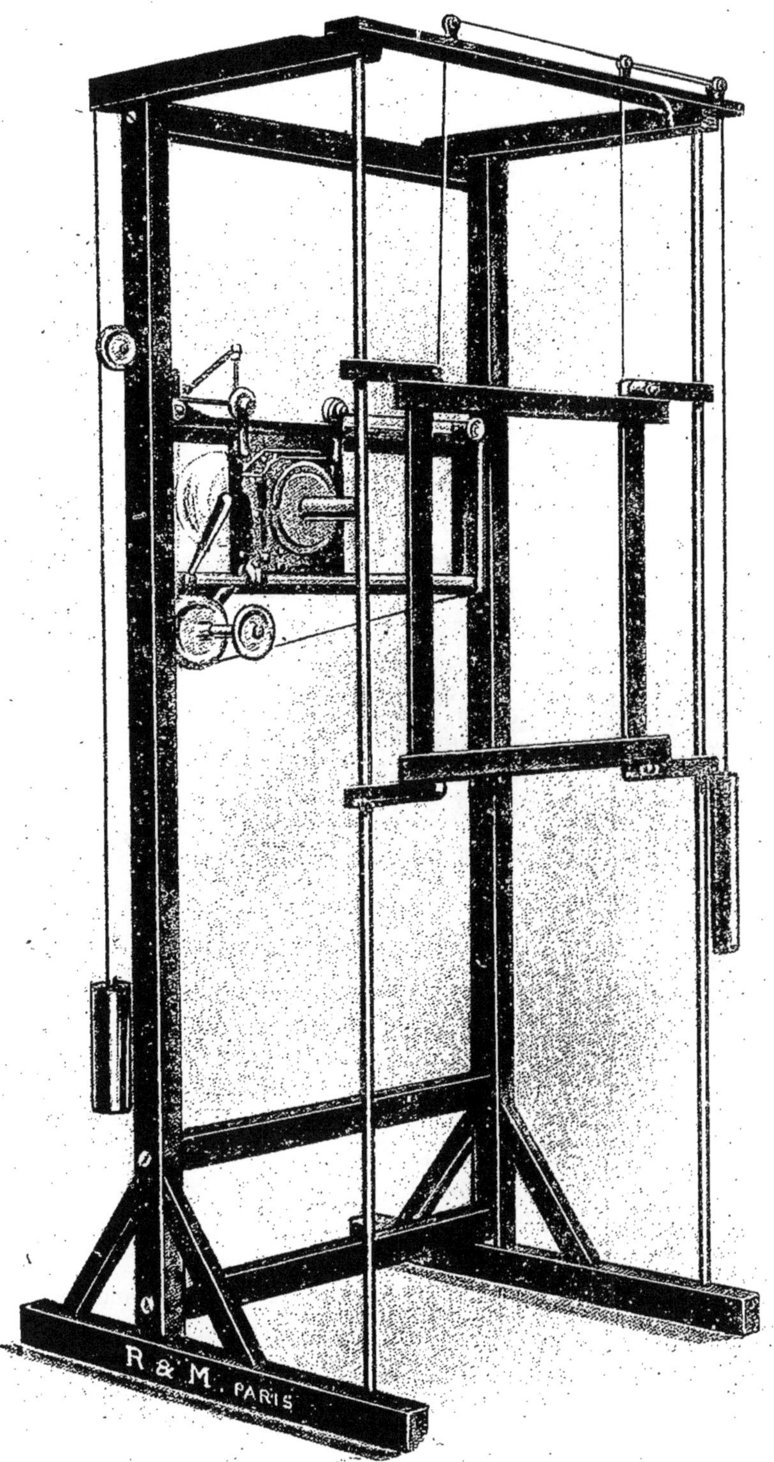

Fig. 53. — Cadre orthodiagraphe du Dr Guilleminot.

gène, on arrive à explorer successivement toutes les parties du
sujet, qui apparaît partout sans déformation et avec ses dimensions
réelles. Si un crayon, placé devant l'écran, subit exactement les
mêmes déplacements que le faisceau illuminateur, on obtiendra un

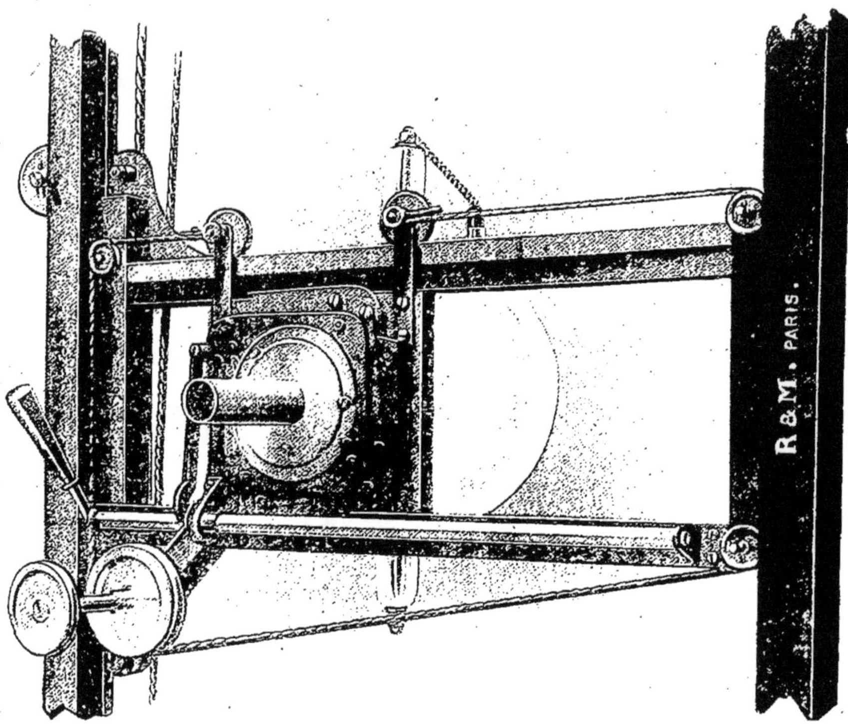

Fig. 54. — Détail du chariot porte-ampoule.

dessin très précis des contours explorés : cette méthode graphique
est désignée sous le nom d'*orthodiagraphie*.

La fig. 53 met sous les yeux du lecteur le cadre orthodiagraphe
du Dr Guilleminot, et la gravure suivante reproduit à une plus
grande échelle le chariot porte-ampoule. Le sujet à examiner est
placé entre l'écran et la source des rayons : ceux-ci sont réduits à
un faisceau étroit par un tube métallique. Le support de l'ampoule
et de son diaphragme localisateur peut être déplacé dans le sens
horizontal en tournant le petit volant situé à gauche. Le cadre

dans lequel s'effectue ce déplacement peut lui-même se déplacer dans le sens vertical. Un contrepoids fait équilibre au chariot mobile.

La fig. 55 montre comment s'effectue le tracé orthodiagraphique. L'écran fluorescent M est fixe, ainsi que le cadre E sur lequel est tendue une feuille de papier calque. Mais l'ampoule C se déplace, soit dans le sens vertical soit dans le sens horizontal, en même temps que le crayon H, qui reste constamment dans le pro-

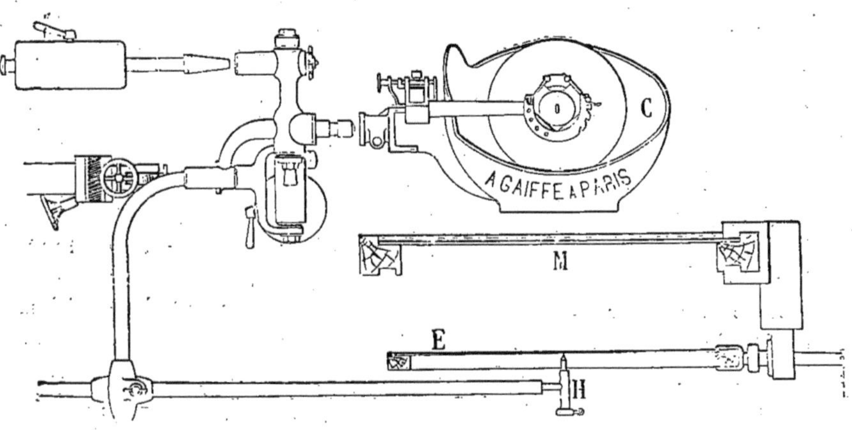

Fig. 55. — Appareil orthodiagraphique.

longement du faisceau illuminateur. Toutes les articulations du support étant montées sur roulements à billes, les mouvements sont très doux, et l'opérateur peut facilement suivre le contour des moindres détails projetés sur le papier, en déplaçant le crayon.

Le *Clinoscope* de Dessauer se prête à tous les modes d'examen radioscopique et à l'orthodiagraphie. Il se compose d'un cadre qui peut être fixé, soit verticalement, soit horizontalement, et d'un double chariot mobile porte-écran et porte-tube. Une forte toile est tendue sur le châssis. Une planchette mobile sert de siège, et le malade est soutenu sous les aisselles par deux tiges métalliques. Le tube radiogène, placé dans un protecteur opaque aux rayons X, est porté par un chariot à double mouvement de translation solidaire d'organes de commande disposés de telle sorte que l'opérateur peut, à l'aide de sa seule main gauche, faire prendre au tube la position voulue. L'écran est porté par les mêmes organes, de sorte qu'il se trouve toujours en face de l'ampoule.

Pour mettre le clinoscope en position horizontale, il suffit d'appuyer sur une pédale. L'appareil est alors supporté par deux pieds métalliques, et la source des radiations peut être placée en dessus ou en dessous.

2. — Applications de la radioscopie.

Les rayons X ont donné à l'anatomie, à la pathologie, à la médecine légale un précieux moyen d'investigation. Sur le cadavre, il est devenu facile d'observer des détails auparavant insaisissables : en l'injectant de liquides tenant en suspension des poudres métalliques, on rend opaque le système vasculaire, et l'on peut étudier la disposition des vaisseaux artériels jusque dans leurs moindres ramifications, plus fines que des cheveux et trop fragiles pour résister à l'action du scalpel. '

La radioscopie permet de déterminer rapidement la position exacte de corps étrangers accidentellement introduits dans les tissus vivants. Cette méthode de localisation est entrée maintenant dans l'usage courant des cliniques. Des aiguilles qui avaient pénétré dans le corps ont pu être extraites sans aucune intervention de la chirurgie : la position de l'aiguille une fois repérée à l'aide des rayons X, un puissant électro-aimant était approché et conduisait peu à peu la petite pointe d'acier à travers les chairs, d'où elle finissait par sortir. En opérant avec précaution, on arrive ainsi à obtenir l'extraction sans faire jaillir une seule goutte de sang.

La découverte de Röntgen a apporté au diagnostic médical une aide inespérée. Dans le cas de fracture d'un os, on est instantanément renseigné, même au cours d'une opération, sur le nombre et sur la position relative des fragments. Les caries, les exostoses, les ostéites, les coxalgies, les lésions arthritiques, la tuberculose sont faciles à reconnaître, et la marche de la maladie se suit aisément. En gynécologie, la même méthode rend d'innombrables services, dans les cas d'accouchements difficiles, car elle fournit immédiatement d'utiles données sur la position du fœtus. Dans les épanchements pleurétiques, elle prête un sérieux concours à l'auscultation et sert de terme de comparaison, les yeux contrôlant la perception auditive. On doit, enfin, à ce procédé des indications précises dans la recherche des calculs biliaires, hépatiques ou vésicaux.

Quant aux applications industrielles de la radioscopie, elles ne cessent de se développer. Le diamant, constitué par du carbone pur, est perméable aux rayons X, tandis que ses imitations en apparence les plus parfaites sont immédiatement reconnues, car leur opacité en trahit la composition : le strass, notamment, doit à la présence des sels de plomb un remarquable défaut de trans-

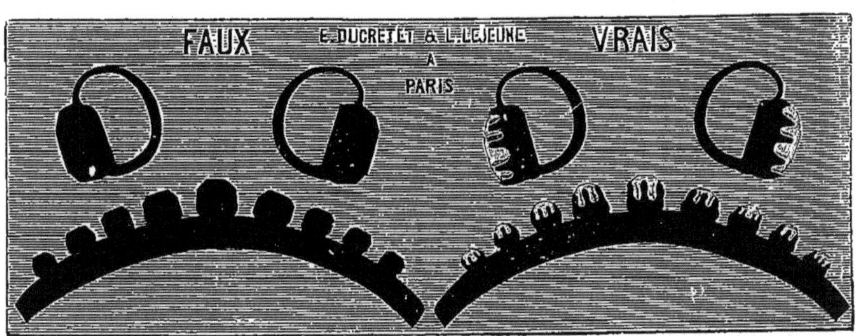

Fig. 56. — Strass et diamants, à l'examen radioscopique.

parence (fig. 56). L'alumine cristallisée, qui constitue les pierres précieuses les plus recherchées après le diamant, rubis, grenats, saphirs, turquoises, émeraudes, etc., est presque transparente aux rayons X, tandis que les pierres fausses les arrêtent ; en sorte qu'il est bien facile de discerner, sans erreur possible, les pierres imitées, quelle qu'en soit la nature.

Les perles fines de petite taille sont moins opaques que les fausses de mêmes dimensions ; mais la distinction est plus difficile à faire, pour les grosses perles.

La radioscopie intervient aussi dans la recherche et la culture des huîtres perlières : elle permet de reconnaître sans les détruire celles qui renferment une perle ayant une valeur commerciale. Les huîtres à perles trop petites sont mises dans des parcs spéciaux, où on les laisse jusqu'à ce que leurs perles aient acquis la grosseur voulue.

La Condition des soies, à Lyon, a adopté la méthode radioscopique pour contrôler la qualité des soies et des laines. Un ses directeurs, M. Testenoire, a même eu l'idée de l'appliquer à la détermination du sexe des chrysalides, dans l'intérieur des cocons de vers à soie. Le cocon mâle donne, en effet, un rendement en soie beaucoup plus considérable que le cocon femelle, et il y aurait par conséquent intérêt à développer, par la sélection, le caractère de la prédominance des mâles dans les pontes. Le problème est résolu par l'emploi des rayons X : les chrysalides femelles contiennent déjà les œufs et ceux-ci, peu transparents aux radiations, sont faciles à découvrir.

L'Union nationale des éleveurs anglais a appliqué les rayons X au mirage des œufs qu'elle reçoit à Londres, de divers districts voisins, à raison de 200.000 par semaine. Dans les dépôts d'arrivage se trouve une chambre noire contenant une ampoule radiogène enfermée dans une sorte de lanterne métallique. L'œuf à examiner est placé entre un orifice par où sortent les rayons et un écran fluorescent. Si la translucidité est parfaite, l'œuf est classé comme frais de première catégorie. S'il y a un défaut, une petite tache apparaît sur l'écran, et l'œuf est classé de deuxième catégorie. Si, enfin, la tache est de forte dimension et mobile, c'est que l'œuf est gâté et on le rejette de la consommation. Les œufs ainsi mirés, désignés sous le nom de « examined eggs », sont particulièrement recherchés. Est-ce en raison de la nouveauté du procédé, ou parce qu'il est réellement plus sûr que l'ancienne méthode de mirage à la lampe ? L'avenir le dira.

Un Californien, M. Rudolph Spreckels, possède aux environs de San-Francisco une vaste ferme où il élève plus de 14.000 poulets, coqs et poules. Il fait, en outre, un grand commerce d'œufs avec les principaux marchés des États-Unis. Ayant remarqué que sur cinq poules il y avait, en moyenne, une mauvaise pondeuse, M. Spreckels, qui éprouvait de ce chef une perte importante, résolut de soumettre ses pensionnaires à l'épreuve des rayons X. Il découvrit ainsi certains vices de conformation chez les poules dont les produits étaient moins nombreux. Il put examiner de la sorte 30 à 40 bêtes par heure et se débarrasser à bon compte des mauvaises pondeuses, après les avoir fait engraisser. Depuis ses premiers essais, il a augmenté d'au moins 25 pour 100 le rendement en œufs de sa basse-cour.

La radioscopie permet de reconnaître l'introduction frauduleuse, dans les matières textiles, de substances minérales destinées à en augmenter le poids. Elle révèle certaines sophistications des vins, et notamment la présence de la litharge. La falsification des safrans par le sulfate de baryum est immédiatement décelée par un rapide examen à l'écran fluorescent.

L'absorption que subissent les rayons X en traversant les diverses substances est aujourd'hui connue avec assez de précision pour permettre d'étudier la structure intime des métaux, vérifier la composition ou l'homogénéité d'un alliage, reconnaître les imperfections d'une arme à feu, les pailles ou soufflures qui pourraient compromettre la solidité d'un mécanisme.

Les rayons X sont également employés à vérifier, dans les câbles électriques, le centrage et la continuité de l'âme conductrice, masquée par une couche épaisse de matière isolante. On s'en est servi pour percer sans y toucher l'enveloppe des momies entortillées dans leurs bandelettes, et découvrir ainsi des contrefaçons admirablement imitées.

La poste et la douane avaient d'abord cru trouver dans la radioscopie un moyen infaillible de reconnaître les envois frauduleux, sans recourir à l'ouverture des colis. La fig. 57 montre comment était employée la sonde Ducretet. Tout envoi dont on avait quelque raison de suspecter le contenu était soumis à l'examen, sans qu'il fût nécessaire de délier les cordes ou de déclouer les planches. Cependant, il a fallu renoncer à ce mode d'investigation. D'abord, les photographes ont mené une très vive campagne contre une méthode susceptible de mettre en un instant hors d'usage toute une collection de clichés exposés mais non développés et des boîtes entières de plaques sensibles encore vierges. D'autre part, le contrôle radioscopique, excellent à certains égards, demeurerait fréquemment inefficace pour déjouer l'ingéniosité des contrebandiers. En effet, que pourrait-on voir, en soumettant une malle à l'examen radioscopique? Des objets de métal, des armes, des cartouches, des pièces de cristal, des miroirs, des bijoux, des flacons de toilette. S'ensuit-il que l'on saurait si les armes sont prohibées, si les bijoux sont introduits en fraude, si les flacons contiennent des liqueurs soumises aux droits? Évidemment non. Les rayons X ne donneraient qu'un premier renseignement, qui ne dispenserait pas d'ouvrir la malle. Supposons, par contre, qu'un voyageur, bien au courant de la question, bourre un colis de tabac, de dentelles, de vêtements neufs, de poudre de guerre non enfermée dans des cartouches : les rayons X ne laisseront absolument rien voir, et aucun indice ne permettra de suspecter le colis. Bref, on s'est rendu

Fig. 57. — Sonde radioscopique.

compte que l'application des rayons X au service des douanes et des postes présentait plus d'inconvénients que d'avantages.

Par contre, la radioscopie affirme sa supériorité sur tout autre mode d'investigation, lorsqu'on se trouve en présence d'un objet suspect, dont on ignore le contenu mais que l'on a pourtant quelque motif de croire rempli d'un mélange détonant. Les engins de cette nature sont d'autant plus dangereux à manipuler qu'ils sont souvent disposés de manière à éclater au moment où on les ouvre. MM. Girard et Bordas sont arrivés à distinguer par leur degré

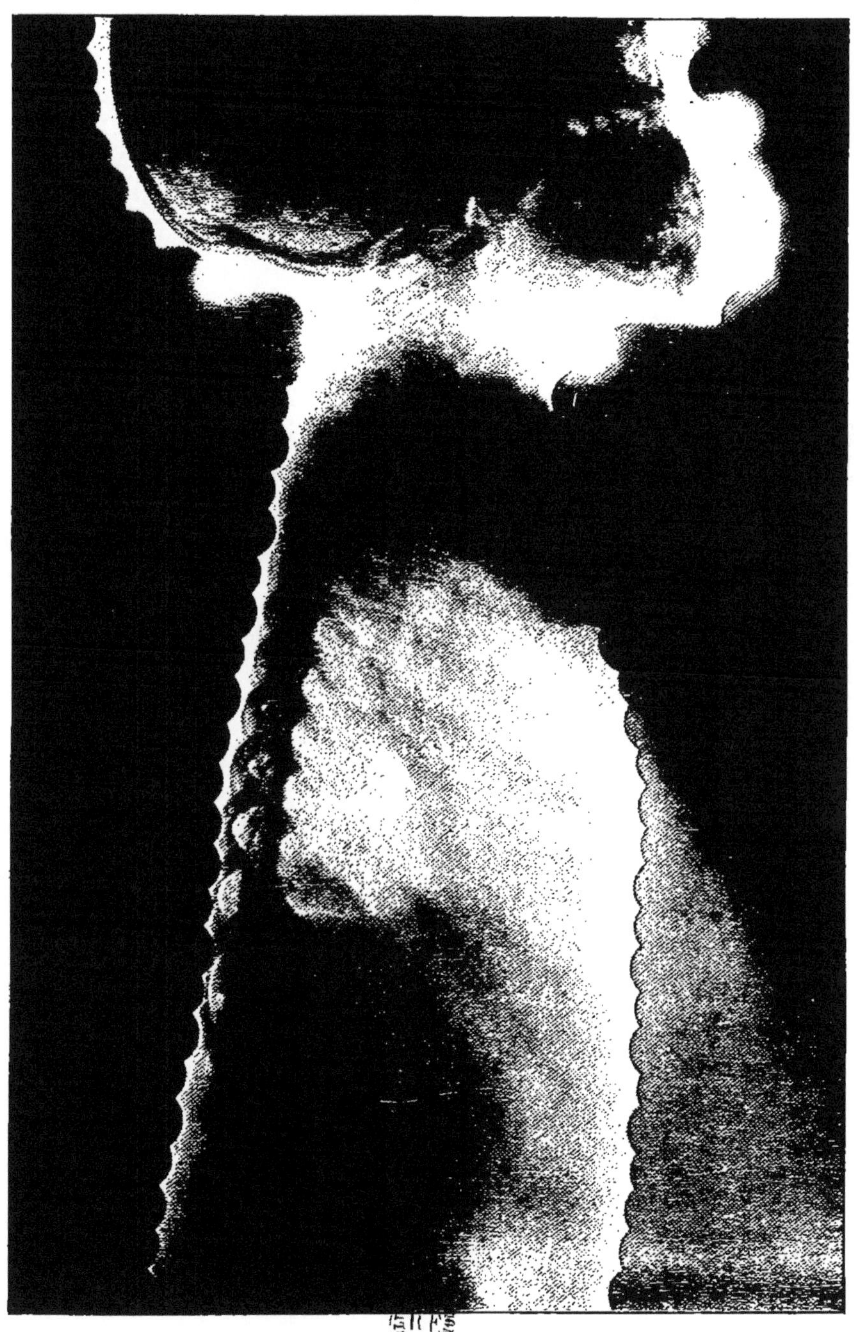

BASE DU CRANE ET COLONNE VERTÉBRALE.

Plaque métroradiographique Jougla (Hôpital Necker).

d'opacité certains explosifs, tels que la poudre chloratée, la nitro-cellulose et le fulminate de mercure. Ils ont procédé à l'examen radioscopique de divers engins explosifs et ont très bien reconnu non seulement les substances détonantes qu'ils renfermaient mais aussi la manière dont ils étaient préparés, de façon à pouvoir ensuite les ouvrir sans danger. Ils ont facilement pénétré les secrets de plusieurs engins qu'on avait à cet effet préparés à leur insu : bombes, cartouches, livres explosibles.

CHAPITRE VI

1. — Opérations radiographiques.

On peut utiliser, en radiographie, les plaques photographiques ordinaires, et d'ailleurs on n'en employait pas d'autres, à l'époque de la découverte des rayons X. M. Wallon faisait remarquer, en 1896, que les meilleurs résultats sont obtenus avec les plaques sèches au gélatinobromure d'argent extra-rapides, tandis que les préparations au collodion ne donnent presque rien. Il ajoutait que la sensibilité des plaques est augmentée, lorsqu'on les trempe dans une solution de sulfate de quinine ou, en général, lorsqu'on les enduit de substances fluorescentes ou phosphorescentes; elle l'est aussi par une élévation de température.

Cependant, le temps de pose qu'exigent les plaques destinées à la photographie ordinaire est généralement encore trop long, et il est presque toujours avantageux d'avoir recours aux émulsions spécialement destinées à cette application. Les fabricants apportent des soins tout particuliers à leur préparation; elles sont exemptes de toute irrégularité de couchage et ne présentent ni stries, ni moutonnements, ni aucun des accidents de fabrication si gênants dans l'analyse d'un cliché radiographique. Ainsi, les plaques radiographiques Lumière sont remarquables par leur sensibilité, et l'on peut voir, par les spécimens reproduits planches II et III, la graduation de teintes qu'elles permettent d'obtenir. La couche sensible en est très épaisse.

Pour en simplifier l'emploi, chaque plaque est enveloppée dans un étui de papier noir opaque à la lumière ordinaire, mais perméable aux rayons X. Ce mode d'emballage évite à l'opérateur de s'enfermer dans un laboratoire obscur pour ouvrir la boîte qui contient les plaques. Toutes les manipulations, à l'exception du développement, peuvent ainsi se pratiquer en plein jour. Toutefois, il convient de ne pas laisser séjourner trop longtemps les plaques dans ces enveloppes, car la plupart des papiers exercent une action sur la couche sensible. Aussi est-il recommandé de n'introduire les plaques dans leurs enveloppes que quinze jours ou trois semaines au maximum avant leur emploi. Si une provision de plaques est nécessaire, il est prudent de conserver plaques et enveloppes séparément, et de n'utiliser l'emballage spécial que dans les limites indiquées. Dans ce cas, la conservation des plaques radiographiques peut être considérée comme indéfinie [1].

On emploie parfois en radiographie un châssis négatif ordinaire, dans lequel la plaque sensible est enfermée, comme d'habitude, gélatine en dessus, c'est-à-dire tournée vers le volet. On y ajoute généralement une feuille de plomb, en contact avec le verre. Mais l'emploi du châssis n'est pas indispensable, puisque le papier noir dans lequel est enveloppée la plaque la préserve du voile sans arrêter les rayons X. Cette disposition plus simple est même préférable à l'emploi du châssis, parce que la netteté des images est d'autant plus parfaite que le sujet à radiographier est plus rapproché de la couche sensible. La suppression du châssis s'impose, du reste, dans certaines opérations : ainsi, les dentistes ont parfois à radiographier une mâchoire, afin de vérifier l'existence d'une dent encore invisible ou de préciser la position d'une racine : dans ces cas, on se borne à envelopper de papier noir une très petite plaque sensible que l'on introduit dans la bouche à étudier. Pour éviter que les rayons X occasionnent un voile accidentel, avant ou après la pose, on n'a qu'à protéger la plaque à l'aide d'une feuille de plomb.

La plaque est disposée, gélatine en avant, c'est-à-dire tournée vers le tube radiogène, et dans un plan perpendiculaire à la direction des rayons X. L'objet à radiographier est placé entre le tube et la surface sensible, de telle sorte que sa silhouette se projette sur l'émulsion. Pour réaliser le maximum de netteté, il faut que le sujet soit aussi près que possible de la plaque (c'est pourquoi il vaut mieux qu'elle ne soit pas mise dans un châssis mais simplement recouverte d'un papier mince) et aussi loin que possible du tube. En effet, le faisceau de rayons X forme un cône dont le sommet est le foyer anticathodique, et les silhouettes seront d'autant moins déformées que l'ouverture de ce cône aura un angle

1. Depuis 1913, les plaques radiographiques Lumière peuvent être livrées dans une double enveloppe, en papier noir et en papier rouge, qui assure à l'émulsion une conservation aussi longue que celle des plaques contenues dans la boîte ordinaire.

plus aigu. Il ne faut pourtant pas exagérer l'éloignement, car l'intensité de l'irradiation s'affaiblit proportionnellement au carré de la distance, sans compter l'absorption que subissent les rayons X en traversant la couche d'air interposée.

La fig. 58 montre la disposition très simple qui convient aux radiographies de sujets peu épais, tels qu'une main, par exemple. La gravure suivante fait voir le résultat de l'opération.

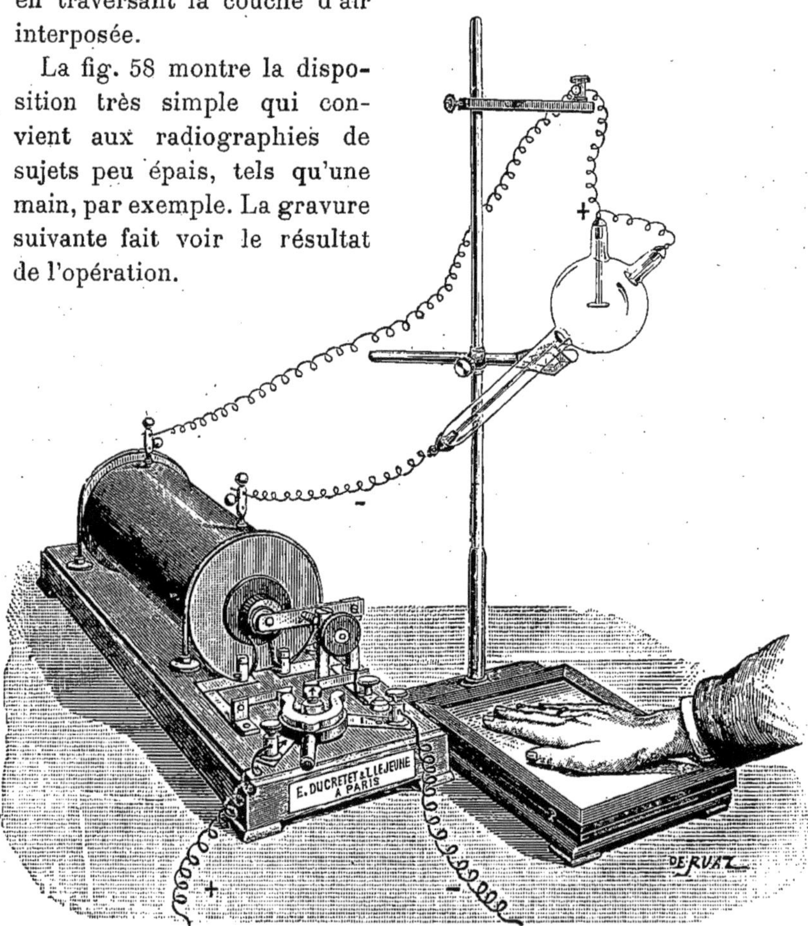

Fig. 58. — Dispositif radiographique.

Le degré de raréfaction du tube radiogène doit varier, suivant la nature de l'objet à radiographier et suivant l'effet qu'on se propose d'obtenir. Les tubes mous conviennent à l'exécution de clichés à fortes oppositions. A mesure que l'évacuation augmente, les rayons émis deviennent plus pénétrants, et c'est aux tubes durs qu'il faut avoir recours lorsqu'il s'agit de radiographier des parties épaisses du corps. A épaisseur égale, un tube dur exige une pose moins longue qu'un tube mou, mais révèle moins de détails en donnant des épreuves moins riches en contrastes et parfois même dépourvues de netteté et voilées. Pour bien analyser un sujet de grande épaisseur, le mieux est d'exécuter successivement plusieurs radiographies, en faisant varier à chaque opération l'état du vide de l'ampoule. On a ainsi plusieurs épreuves montrant chacune des détails différents.

Pour utiliser complètement l'activité photochimique des rayons durs et semi-durs, Heinz Bauer a conseillé d'ajouter aux émulsions destinées à la radiographie du verre au plomb très finement pulvérisé ou toute autre substance absorbant les rayons X, ou encore d'étendre l'émulsion sur des plaques de verre au plomb. La maison Schleussner coule ses émulsions radiographiques sur verre blanc opale spécial, dont l'emploi fournit des images très claires, avec un temps de pose réduit.

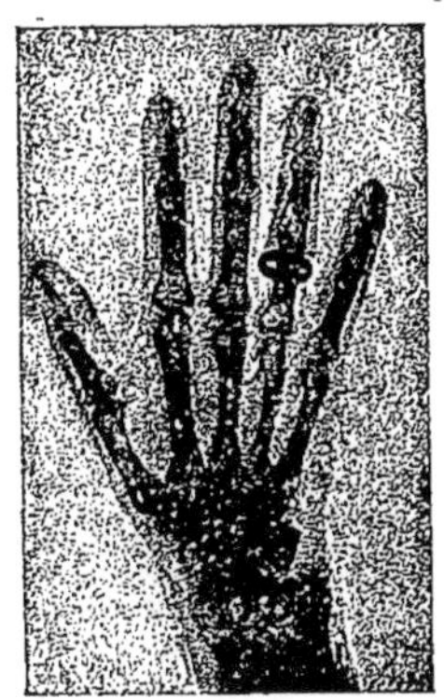

Fig. 59. — Main radiographiée.

Les rayons secondaires sont la cause principale de l'imperfection des radiographies pratiquées au travers de grandes épaisseurs, comme celle du bassin. Nous avons vu que ces rayons secondaires sont dus à la fluorescence qui se produit dans tous les milieux traversés par les rayons X. Pour obtenir la radiographie nette et suffisamment vigoureuse d'un os comme ceux du bassin, il faut supprimer du faisceau incident tous les rayons qui ne sont pas dirigés vers la partie visée. On se sert, à cet effet, de diaphragmes en plomb, perforés seulement d'un orifice de forme et de dimensions convenables, que l'on interpose entre le tube et le sujet. M. A. Buguet a montré qu'on améliorait beaucoup la netteté des radiographies en plaçant derrière la plaque sensible une lame de plomb ou de zinc. On l'améliore encore davantage, quand il est possible de le faire, en disposant tout autour du sujet des écrans latéraux métalliques. On élimine ainsi l'effet des rayons secondaires, et l'on empêche la production d'un voile dû à la dissémination des rayons X dans l'air. Ces écrans protecteurs sont extrêmement efficaces, surtout dans le cas de poses un peu longues.

La durée du temps de pose dépend non seulement de la sensibilité de l'émulsion, mais aussi du degré d'opacité du sujet, de l'intensité de la décharge qui traverse le tube et de son degré de raréfaction. Au début, elle se comptait toujours par minutes, et, en 1903, M. Albert Londe citait les exemples suivants comme un notable progrès réalisé depuis la découverte de Röntgen :

Tête	3 minutes
Thorax	3 —
Bassin.	5 —
Jambes	3 —
Bras	2 —
Main	30 secondes

Ces durées ont pu être réduites à une fraction de seconde, en faisant usage d'écrans renforçateurs. Dès 1895, Röntgen avait observé que la lame de verre et la gélatine des plaques sensibles devenaient fluorescentes sous l'action des rayons X. Ce phénomène a été utilisé pour abréger la pose en appliquant contre l'émulsion un écran fluorescent aussi plan que possible. On trouve déjà, en 1896, dans le journal scientifique anglais *Nature*, la description de deux méthodes fondées sur ce principe. La première, indiquée par M. L. Bleekrode, consiste à former un écran fluorescent avec de la scheelite, ou tungstate de calcium naturel, pulvérisé grossièrement et étendu en couche uniforme sur une feuille de papier peu épais à l'aide d'une émulsion à la gélatine. Le papier ainsi préparé est posé horizontalement sur une plaque sensible au gélatinobromure, le côté fluorescent en dessous, et contre la couche sensible de la plaque. Dans ces conditions, une ampoule de Crookes alimentée par une bobine donnant de 12 à 15 centimètres d'étincelle fournit des radiographies d'objets minces en 25 secondes; les doigts demandent 90 secondes, mais l'épreuve est assez nette pour qu'on distingue le chas d'une aiguille piquée dans la peau.

La seconde méthode, proposée à la même époque par M. J. William Giffard, consiste à employer une pellicule sensible en celluloïd posée, la couche sensible en dessous, sur un écran au platinocyanure de baryum, la couche fluorescente en dessus, le tout enfermé dans du papier noir. Ce dispositif réduit au quart le temps de pose habituel.

En plaçant un papier imprégné de platinocyanure de baryum sur des plaques sensibilisées à l'érythrosine (plaques orthochromatiques), on peut se contenter d'une pose neuf fois plus courte qu'à l'ordinaire.

Le Dr Van Heurk a fait usage d'écrans aux sels d'uranyle et de plaques en verre chargé d'oxyde d'uranium. Les Drs Winkelmann et R. Straubel ont employé le spath fluor. M. Ducretet a indiqué les lames de feldspath préparées par MM. F. Bapterosses et le verre connu sous le nom d'*agatine*. Les écrans au tungstate de calcium à grain très fin paraissent les plus favorables. Ces écrans s'illuminent, sous l'action des rayons X, en émettant une fluorescence bleue violacée très actinique.

Avant de mettre l'émulsion sensible et la surface fluorescente en contact, il faut avoir soin de bien les épousseter, avec un blaireau doux. On évitera soigneusement le glissement de l'écran contre l'émulsion, surtout après la pose. Si l'on ne procède pas au développement immédiatement après l'exposition de la plaque, on la séparera le plus tôt possible de l'écran, sans quoi l'image perdrait de sa netteté, sous l'influence de la phosphorescence qui persiste encore assez longtemps après l'irradiation.

Le gain de rapidité que procurent les écrans actuels est réellement remarquable. Albers Schonberg a obtenu en 1/10e de seconde une excellente radiographie de la hanche qui exigeait 2 minutes de pose sans écran renforçateur, c'est-à-dire une exposition 1.200 fois plus longue. Nogier estime que, d'une façon générale, avec des rayons demi-mous n° 5 Benoist, et pour des régions d'épaisseur moyenne, jusqu'à 12 centimètres, le temps de pose ordinaire doit être divisé par 40. S'il s'agit de sujets très obèses ou des régions du corps très épaisses, tels que l'abdomen ou le bassin, la réduction de pose serait de 1/25e. M. Massiot indique qu'en divisant le temps normal de pose par un chiffre compris entre 10 et 20, suivant l'épaisseur du sujet, on obtient les meilleurs résultats.

De plus en plus, les radiographes s'attachent à mettre en pratique des procédés rapides, permettant la réduction des temps d'exposition. Il est évident, en effet, que pour avoir des images nettes du cœur ou de corps étrangers (calculs, projectiles, objets avalés accidentellement) situés dans des organes constamment en mouvement, la durée de l'impression doit être extrêmement abrégée. Aussi les fabricants de plaques se sont-ils appliqués à préparer des émulsions possédant une grande sensibilité pour les radiations fluorescentes émises par les écrans renforçateurs. MM. Lumière préparent, depuis 1911, des émulsions particulièrement sensibles aux radiations émises par les écrans. Leurs nouvelles plaques radiographiques se comportent comme les plaques photographiques ordinaires, lorsqu'on les emploie sans écran; mais leurs avantages se manifestent, dès qu'on les utilise avec un écran : dans ce cas, elles sont 3 ou 4 fois plus sensibles que les autres plaques exposées dans les mêmes conditions.

On peut obtenir la radiographie d'un sujet de faible épaisseur avec une seule décharge, provoquée en manœuvrant à la main l'interrupteur du circuit primaire de la bobine. L'émission totale des rayons X ainsi produits dure 0,001 seconde, mais se compose en réalité de plusieurs émissions successives d'intensités rapidement décroissantes : la durée de chaque émission est d'environ 0,00008 seconde, séparés par des intervalles de 0,0003 seconde. Si l'on estime que la première émission agit à peu près seule, aidée peut-être encore de façon quelque peu efficace par la seconde, on arrive à une pose réelle de 1 ou 2 dix-millièmes de seconde tout au plus.

Il convient d'ajouter que si l'interposition d'un écran renforçateur réduit considérablement la durée de la pose, elle présente le grave inconvénient d'altérer la netteté de l'image. On le remarque surtout quand on radiographie des os, qui donnent habituellement beaucoup de détails sur leur structure intérieure : un calcanéum, par exemple, est beaucoup moins net avec écran que sans écran. Cependant, pour les régions épaisses qui offrent toujours des radiographies un peu floues, la présence de l'écran ne rend pas l'épreuve moins nette, tout en permettant de poser beaucoup moins.

Les procédés précédents sont encore souvent insuffisants. Ainsi, pour radiographier une région épaisse, comme un thorax ou une hanche, il faudrait bien 1/10e de seconde, ce qui, dans certains cas, est beaucoup trop long. Les mouvements circulatoires du sang, en particulier, exigent des poses plus réduites. Si l'on veut reproduire le cœur ou l'aorte, l'exposition doit être très inférieure à 1/10e de seconde. Les moindres vibrations fonctionnelles suffisent à brouiller,

REIN NORMAL.

Radiographié par le Dr J. Belot.

à fondre des contours légers qu'une immobilité absolue laisserait se dessiner; une lésion peu accusée projette une ombre à peine distincte de celle des tissus environnants.

Une netteté parfaite exigerait un temps de pose de l'ordre du centième de seconde. Pour obtenir en si peu de temps une impression assez vigoureuse, les radiographes savaient bien qu'il suffirait de substituer aux décharges nombreuses qui se succèdent dans le tube à vide une décharge unique et assez intense pour qu'elle développe une énergie égale à la somme des énergies des décharges utilisées dans la méthode ordinaire. Malheureusement, cette décharge intense semblait nécessiter un générateur d'électricité beaucoup plus puissant que ceux dont on se sert habituellement, et surtout des tubes radiogènes plus robustes, car les tubes ordinaires paraissaient devoir être mis immédiatement hors d'usage.

La méthode « Eclair », imaginée par M. Dessauer, permet d'obtenir des images très nettes, en 1/100e et même en 1/500e de seconde, sans écran renforçateur, en utilisant la bobine de Ruhmkorff et le tube à vide couramment employés dans les laboratoires de radiologie. L'innovation consiste à remplacer l'interrupteur rapide du courant inducteur par un fil métallique court et fin, et à faire usage d'un courant assez intense pour le volatiliser immédiatement. Ce fil, en cuivre ou en argent, est exactement calibré pour être porté au rouge par une intensité de 1 ampère, et pour fondre à 3 ampères. Or, le voltage aux bornes du circuit primaire de la bobine doit être assez élevé pour que l'intensité y atteigne 60 à 70 ampères. Dans ces conditions, aussitôt que le circuit est fermé, le fil est instantanément gazéifié. Pour éviter tout accident, on a soin de l'enfermer dans un petit tube de verre rempli de sable, ou *cartouche*. Malgré cette dénomination, la destruction du fil s'accomplit sans explosion : on n'entend rien, et on ne voit rien. Après la pose, la cartouche tombe automatiquement dans une boîte d'où on peut la retirer, tandis qu'on remplit de cartouches neuves le magasin disposé à cet effet. Ce magasin peut être construit de manière à recevoir 10 cartouches à la fois; il est muni d'un indicateur signalant le nombre de cartouches qui y restent disponibles. Les cartouches sont construites en plusieurs calibres, suivant l'épaisseur de l'objet à radiographier, en sorte que l'opérateur n'a pas à se préoccuper de l'évaluation du temps de pose.

A chaque pose, le tube radiogène n'est traversé que par un seul courant induit, à la fois très bref et très intense. Dans la méthode usitée jusqu'ici, l'intensité de la décharge éclatant dans l'ampoule de Crookes était généralement comprise entre 1 et 10 milliampères : ici, elle s'élève à 250 et jusqu'à 400 milliampères. Cependant, en raison de son extrême brièveté, ni le circuit secondaire de la bobine ni le tube radiogène ne sont abîmés. L'expérience a même montré que la radiographie Eclair fatiguait moins les tubes que la radiographie ordinaire : la décharge est extraordinairement intense, il est vrai; mais la durée du passage du courant est si réduite, que l'anticathode subit à peine une très légère élévation de température.

L'application de la méthode Eclair au matériel radiographique primitif n'exige pas le renforcement des fils d'amenée du courant. La plupart des laboratoires radiologiques actuels ont des canalisations établies pour 40 ampères au plus. L'appareil Eclair absorbe un courant inducteur de 60 à 100 ampères; néanmoins, il n'est pas nécessaire de modifier l'installation, car le fil fin de la cartouche joue le rôle d'un excellent coupe-circuit de sûreté. Le courant est brusquement coupé, 1/20ᵉ de seconde environ après la fermeture du circuit, et cet intervalle est trop court pour que les conducteurs aient le temps de s'échauffer sensiblement.

Dans l'état actuel de la technique du procédé Eclair, on obtient, avec une décharge unique, d'excellentes radiographies du thorax, du cœur, de l'estomac et des intestins, en 1/500ᵉ de seconde, sans écran. Pour les radiographies du crâne, il est encore nécessaire de recourir à l'écran renforçateur.

Quel que soit le mode d'exposition de la plaque, le développement de l'image latente s'effectue suivant les procédés photographiques habituels. La venue du négatif est surveillée en lumière rouge ou verte. La plupart des plaques radiographiques se développent très bien dans n'importe quel révélateur usuel. Le Dʳ Hugo Kulh préconise l'emploi du révélateur au glycin préparé suivant la formule de Pizzighelli :

A. Eau distillée.	1.000 cc.
Glycin.	30 gr.
Sulfite de soude	100 —
Carbonate de soude.	20 —
B. Eau distillée.	1.000 cc.
Carbonate de potasse	100 gr.

Au moment d'opérer, on mélange parties égales des solutions A et B.

La Société Jougla conseille d'appliquer à ses plaques spéciales pour la radiographie un bain à l'acide pyrogallique et au métol :

```
A. Eau distillée . . . . . . . . . . . . . . . . . . . . . . . . .   1.000 cc.
   Métol . . . . . . . . . . . . . . . . . . . . . . . . . . . . .      6 gr.
   Sulfite de soude anhydre . . . . . . . . . . . . . . . . . .     50 —
   Acide pyrogallique . . . . . . . . . . . . . . . . . . . . .      6 —
   Acide citrique ou bromure de potassium . . . . . . . .      2 —
```

Dissoudre, à chaud, dans l'ordre indiqué.

```
B. Eau distillée. . . . . . . . . . . . . . . . . . . . . . . . .   1.000 cc.
   Carbonate de soude cristallisé. . . . . . . . . . . . . .     90 gr.
```

Pour former le bain normal, prendre parties égales des deux solutions. En cas de manque de pose, augmenter la quantité de solution B. En cas d'excès de pose, ajouter du bromure de potassium en solution à 10 p. 100.

Les mêmes fabricants indiquent deux autres formules, applicables à leurs plaques *métro-radiographiques* :

Formule n° 1

```
Eau distillée. . . . . . . . . . . . . . . . . . . . . . . . . .   1.000 cc.
Sulfite de soude anhydre. . . . . . . . . . . . . . . . . .     30 gr.
Hydroquinone. . . . . . . . . . . . . . . . . . . . . . . . .     10 —
Carbonate de soude anhydre . . . . . . . . . . . . . . .     80 —
Bromure de potassium. . . . . . . . . . . . . . . . . . .      1 —
```

Ce bain se conserve un mois sans altération appréciable.

Formule n° 2

```
Eau distillée. . . . . . . . . . . . . . . . . . . . . . . . . .   1.000 cc.
Sulfite de soude anhydre . . . . . . . . . . . . . . . . . .     60 gr.
Acide citrique. . . . . . . . . . . . . . . . . . . . . . . . .      2 gr. 5
Carbonate de soude anhydre . . . . . . . . . . . . . . .     30 —
Carbonate de potasse . . . . . . . . . . . . . . . . . . . .     10 —
```

Ajouter, au moment de l'emploi :

```
Acide pyrogallique. . . . . . . . . . . . . . . . . . . . . .      7 gr. 5
```

Préparer ces deux bains à chaud (environ 50 degrés) et dans

l'ordre indiqué. Le développement devra s'effectuer à la température de 18 degrés, autant que possible, ou à une température voisine.

La plupart des plaques spécialement destinées à la radiographie ont une couche sensible très épaisse. Dans ce cas, le développement doit être poussé jusqu'à l'opacité presque complète du phototyphe. Les débutants en radiographie, trompés par l'épaisseur anormale de l'émulsion, arrêtent généralement trop tôt l'action du révélateur et n'obtiennent ainsi que des images trop pâles.

L'épaisseur de la couche exige un lavage abondant après le développement, pour éviter de mélanger le révélateur avec le fixateur. Les plaques à couche mince seront fixées dans une solution d'hyposulfite de soude à 20 p. 100, de préférence acide, afin d'obtenir des clichés aussi purs que possible. La formule suivante est applicable aux plaques Jougla :

```
Eau. . . . . . . . . . . . . . . . . . . . . . . . . . . . .   1.000 cc.
Hyposulfite de soude. . . . . . . . . . . . . . . . . . . .    200 gr.
Bisulfite de soude liquide. . . . . . . . . . . . . .          50 cc.
```

Le fixage des clichés à couche épaisse s'effectuerait trop lentement dans le bain précédent : on fera alors usage d'une solution plus concentrée d'hyposulfite de soude (300 gr. pour 1 litre d'eau), et les lavages qui suivront seront encore plus longs que dans les procédés ordinaires, en raison de l'épaisseur de la couche.

On active ensuite le séchage, en trempant la plaque dans l'alcool pendant 5 minutes.

Le tirage des épreuves radiographiques est pratiqué suivant les procédés positifs ordinaires, sur papier au citrate ou sur papier au gélatinobromure, ou encore sur plaques diapositives.

2. — Applications de la radiographie.

La radiographie s'applique, d'une façon générale, aux mêmes cas que la radioscopie. D'ailleurs, loin de s'exclure mutuellement, ces deux méthodes se complètent l'une l'autre. La radioscopie a l'avantage de donner des indications immédiates et de préciser au besoin la région sur laquelle devra porter l'opération radiographique. Celle-ci ne renseigne qu'après une série de manipulations relativement longues, mais fournit des documents durables, exclusifs de toute interprétation personnelle et d'une certitude hors de contestation. En outre, en prenant d'un même sujet plusieurs clichés avec un tube plus ou moins vidé, on obtient des images différentes, où se trouvent mis tour à tour en évidence des détails qu'il ne serait guère possible de reproduire simultanément avec toute la netteté désirable. Les rayons X possèdent, en effet, un pouvoir de pénétration variable, suivant le degré d'évacuation du tube : un tube très dur permettra de découvrir des détails dans les parties les plus

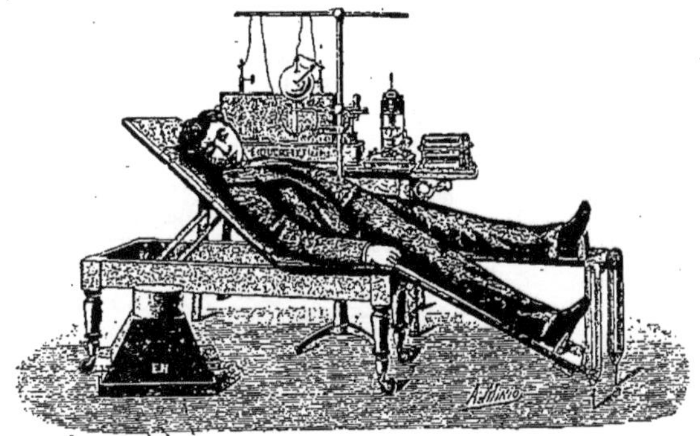

Fig. 60. — Table d'opérations radiographiques.

opaques, mais non dans les parties les plus transparentes, trop facilement traversées ; avec un tube mou, ce sera le contraire.

Toutes ces données recueillies sur la plaque sensible, seront ensuite examinées à loisir, et se prêteront aux mesures les plus exactes, beaucoup mieux que l'image fugitive qui se projette sur un écran fluorescent.

Du reste, le sujet soumis à l'examen ne saurait demeurer longtemps sans danger sous l'action des rayons X ; on verra, au chapitre suivant, les accidents qui résultent de leur influence prolongée, et il importe d'abréger le plus possible l'opération. Il est donc préférable, après un sommaire examen visuel, de fixer par la photographie les documents que l'on aura ensuite tout le temps d'analyser. On voit, fig. 60, à côté d'une table d'opérations radiographiques, un entoscope EN destiné à l'examen radioscopique préalable.

En principe, la radiographie ne montre, comme la radioscopie, que des silhouettes, des projections d'ombres sur lesquelles on ne distingue pas la succession des plans différents et qui ne renseignent par conséquent que très imparfaitement sur la forme exacte du sujet, sur sa structure intérieure et sur la position précise qu'occupe tel ou tel détail. On arrive pourtant à mettre en évidence le relief des objets radiographiés et à localiser l'objet que l'on veut rechercher, en appliquant la méthode stéréoscopique, suggérée par le professeur Mach et mise en pratique pour la première fois, en 1896, par MM. Eder et Valenta. A cet effet, on peut exécuter

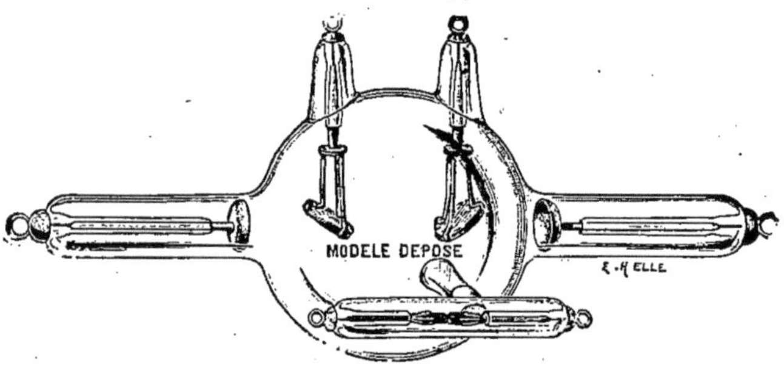

Fig. 61. — Tube radiostéréoscopique.

successivement deux clichés, en plaçant le tube radiogène dans deux positions différentes, de manière à reproduire le sujet sous deux perspectives différentes. Il est cependant préférable, pour éviter tout déplacement entre les deux poses, d'exécuter simultanément les deux clichés, soit à l'aide de deux ampoules disposées côte à côte, soit à l'aide d'un tube double, tel que celui du Dr Guilloz (fig. 61) qui contient deux cathodes et deux anticathodes. Le tube radiostéréoscopique à deux foyers a l'avantage d'émettre deux faisceaux de rayons X également pénétrants, tandis que si l'on emploie deux tubes distincts, on n'est pas sûr qu'ils se trouveront tous deux dans le même état de raréfaction.

Les deux épreuves constituant le couple stéréoscopique sont observées, soit dans un stéréoscope ordinaire si elles sont d'un format suffisamment réduit, soit dans le stéréoscope à miroirs du Dr Krouchkoll (fig. 62), qui permet d'examiner les radiographies sur verre ou sur papier de toutes dimensions, jusqu'au format 40×50 centimètres. Les deux miroirs plans en verre argenté

M M' sont disposés à 90° l'un de l'autre et mobiles dans le sens vertical. Leur ensemble est commandé par la vis de rappel V qui les fait mouvoir perpendiculairement à la règle R R'. Les porte-plaques P P' portent des tiges mobiles *t t'*, *a a'* entre lesquelles sont maintenues les plaques ou épreuves stéréoscopiques. En déplaçant P et P' sur la règle R R', on arrive rapidement à voir se superposer les deux images, lorsqu'on regarde avec un œil

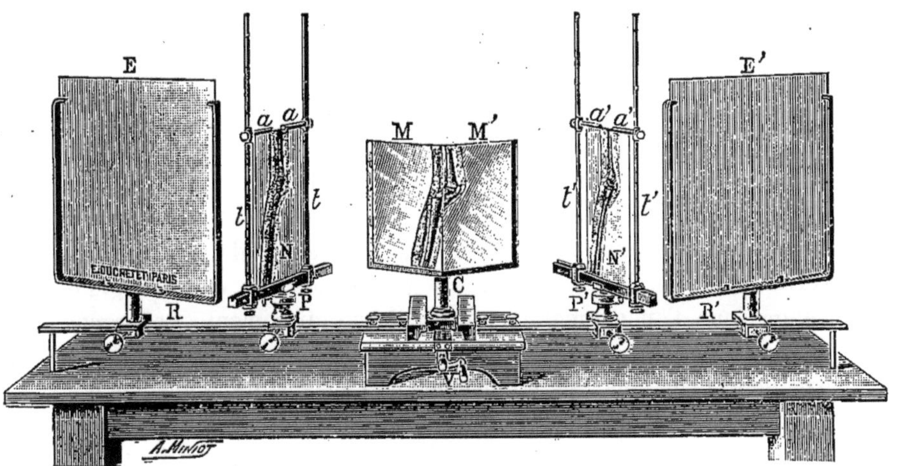

Fig. 62. — Stéréoscope à miroirs.

dans chaque miroir. Deux écrans blancs mobiles E E' servent à refléter la lumière sur les images N N'.

Cette combinaison met en pleine évidence la structure réelle des corps opaques. On aperçoit ainsi, dans leurs véritables dispositions, les organes cachés sous les tissus les plus épais des êtres vivants, que l'on aurait crus à jamais inaccessibles à l'observation directe sans recourir à la dissection.

Les images d'un même objet prises de deux points de vue différents peuvent servir de base à des mesures très précises, fondées sur le même principe que la *métrophotographie* ou *photogrammétrie*[1]. Cette méthode de mensuration appliquée aux images imprimées par les rayons X a reçu le nom de *métroradiographie*.

1. Voir mon *Traité général de Photographie en noir et en couleurs*, p. 439 et suiv.

Pour simplifier le travail, MM. T. Marie et H. Ribaut ont eu l'idée de superposer, dans une même épreuve stéréoscopique, deux stéréoradiotypes, obtenus l'un du sujet à mesurer et l'autre de repères métalliques disposés dans l'espace, à des distances mesurées une fois pour toutes. De son côté, M. Abel Buguet a imaginé et fait construire un appareil formé de deux réseaux métalliques entre lesquels se place le sujet à mesurer. On en fait comme d'habitude deux radiographies différentes. Les clichés portent ainsi tous les éléments de mensuration dont on a besoin.

La *microradiographie,* inventée par M. Pierre Goby, permet d'analyser la structure interne des objets qui, tributaires du microscope par leur ténuité, lui échappent par leur opacité. Jusqu'ici, il n'était pas possible d'étudier ces objets sans les diviser : on pratiquait dans leur épaisseur, à l'aide d'instruments tranchants spéciaux ou *microtomes*, une série de coupes assez minces pour devenir transparentes. Les rayons X font mieux : ils exécutent une véritable dissection optique, en produisant de microscopiques images que l'on soumet ensuite à l'agrandissement. Les rayons émis par un tube à très petit focus sont dirigés sur l'objet à radiographier, placé sur une minuscule plaque sensible, au centre d'un épais disque de plomb. Il faut ici une émulsion spéciale, analogue à celle qui recouvre les plaques destinées aux diapositifs de projection. Cette émulsion est peu sensible et nécessite, par conséquent, une pose très longue, mais le bromure d'argent n'y est pas aggloméré en grains relativement gros comme dans les émulsions rapides, en sorte que les images qu'on en obtient sont extrêmement fines et peuvent supporter de très fortes amplifications, en révélant une foule de détails invisibles à l'œil nu.

La microphotographie ordinaire est dépassée par cette nouvelle méthode, dont les applications scientifiques sont très importantes. En paléontologie, elle permet d'étudier avec précision les foraminifères et quantité de petits êtres qui ont joué un rôle prépondérant dans la formation des roches calcaires et siliceuses aux diverses époques géologiques. En conchyliologie, les coquilles menues à carapace opaque, dans lesquelles il est très difficile de pratiquer des coupes régulières, deviennent transparentes et montrent les infiniment petits détails de leur structure. Enfin, la microradiographie révèle de curieuses particularités sur la formation des

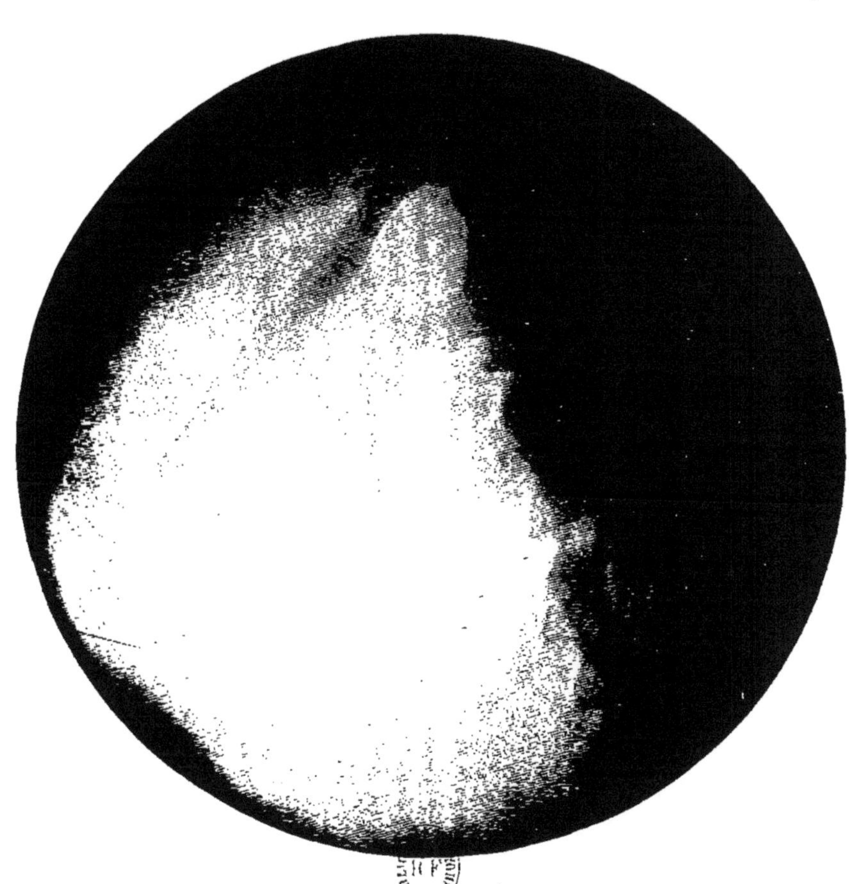

REIN ATROPHIÉ

réduit à un moignon inutile au point de vue fonctionnel, d'après une radiographie
du Dr J. Belot.

os des petits vertébrés, depuis leur naissance jusqu'à l'âge adulte. Il est certain que les laboratoires de recherches scientifiques pourront tirer un précieux parti de cette nouvelle méthode d'observation.

La radiographie a été aussi appliquée à l'analyse et à la synthèse des mouvements accomplis à l'intérieur des corps vivants. La cinématographie directe par les rayons X présentait de grandes difficultés. M. G. Gaiffe a reconnu qu'il valait mieux photographier les images projetées sur un écran fluorescent. L'intensité de la lumière émise dans ces conditions est faible. Il a donc fallu munir l'appareil de prise des vues d'un objectif en quartz, de manière à utiliser non seulement les radiations visibles mais aussi les radiations ultra-violettes. On se trouvait alors en présence d'une autre difficulté : ces lentilles sont perméables aux rayons X, qui les traversent sans s'y réfracter et produisent sur le film un voile général. Pour y remédier, M. Gaiffe place devant l'écran un miroir incliné à 45° sur le plan de la surface fluorescente, et l'image ainsi réfléchie est recueillie par l'appareil cinématographique, tandis que les rayons X sont absorbés ou poursuivent leur trajectoire rectiligne sans se réfléchir.

M. Dessauer a appliqué la méthode Eclair à la *cinéma-radiographie*. A cet effet, il a construit un mécanisme spécial de changement automatique des plaques radiographiques. Pour radiographier les mouvements de l'estomac et des intestins, il suffit d'impressionner 1 ou 2 plaques par seconde; mais cette vitesse est insuffisante, lorsqu'il s'agit d'étudier le cœur. L'appareil actuel de M. Dessauer permet d'exécuter 5 radiographies par seconde. L'adjonction d'un organe accessoire permet d'ailleurs de changer chaque plaque en un temps quelconque. Les intervalles généralement adoptés entre l'impression de deux plaques consécutives varient de 0,5 seconde à 5 secondes au plus. Les plaques sont disposées horizontalement et tournent autour d'un axe pour devenir verticales. A l'instant où une plaque a atteint cette dernière position, elle se détache de l'axe et tombe. Le mécanisme est combiné de telle sorte que l'éclair se produit exactement pendant l'instant où la plaque est verticale. En tombant, elle déclanche le mouvement de la suivante. Chaque plaque reçoit l'impression déterminée par le calibre des cartouches coupe-circuit : on pourra, par

12

exemple, enregistrer chacune des phases d'un mouvement en 1/300e ou en 1/500e de seconde, suivant sa rapidité.

Notons, enfin, parmi les applications curieuses mais prévues de la radiographie, la rupture sensationnelle d'un mariage, en Amérique, du fait des rayons X. M. A... avait promis le mariage à Mlle B...; mais, avant de s'engager officiellement, il posa comme condition que Mlle B... se ferait radiographier, afin d'apporter une authentique garantie au bonheur du mariage et de sa descendance. Mlle B... s'indigna, refusa, et demanda la forte somme pour rupture. Elle obtint gain de cause, et la prétention de M. A... fut jugée singulièrement choquante; mais qui sait si, plus tard, on ne trouvera pas cette précaution toute naturelle, et si l'usage n'en fera pas une obligation préalable à toute union?

CHAPITRE VII

1. — Accidents causés par les rayons X.

De même que la lumière, les rayons X exercent une influence physiologique, tantôt néfaste et tantôt bienfaisante. La lumière blanche, lorsqu'elle est très intense, provoque l'accident bien connu sous le nom de *coup de soleil*, et l'analyse montre que si les rayons rouges et jaunes n'y participent point, le maximum d'activité nocive est imputable aux radiations violettes et ultra-violettes. L'arc électrique, riche en rayons actiniques, commet les mêmes méfaits.

Les radiations issues de l'ampoule de Crookes sont encore plus redoutables. Dès les premières expériences qui suivirent la découverte de Röntgen, plusieurs opérateurs apprirent à leurs dépens le danger qu'ils couraient en s'exposant imprudemment aux rayons X. L'accident le plus fréquent est une sorte de brûlure, de forme toute particulière, qui a reçu le nom de *radiodermite*. Au début, on s'en était d'autant moins méfié que le sujet atteint n'éprouve rien pendant qu'il est soumis à l'irradiation, ni même plusieurs jours après. L'action physiologique reste ainsi à l'état latent pendant une période généralement comprise entre 6 et 10 jours. Plus rarement, cette période est réduite à 24 heures ou se prolonge, au contraire, pendant 3 semaines.

La première manifestation des troubles physiologiques est l'apparition d'un érythème d'abord rosé, qui devient ensuite de plus en plus foncé et provoque des démangeaisons. La desquamation arrive ensuite, laissant la peau sous-jacente luisante et parfois un peu brunie. C'est là le cas le plus bénin.

D'autres fois, on observe des bulles remplies au début d'une sérosité transparente et plus tard de pus. Elles crèvent, et laissent à nu le fond ulcéré. La lésion peut s'arrêter là : l'épiderme se reconstitue peu à peu, mais la période d'ulcération est très douloureuse, la peau reste plus mince qu'auparavant et garde l'aspect cicatriciel.

Il y a des cas plus graves. La surface ulcérée ne se répare plus; elle se couvre de taches jaunes grisâtres qui s'étendent, se soudent et forment une escarre profonde, extrêmement douloureuse. La guérison ne s'opère qu'au bout de plusieurs mois et n'est pas toujours entièrement achevée après un an.

Les accidents qui précèdent constituent les différentes formes de la radiodermite aiguë : ce sont ceux qui se produisent sur la peau soumise une seule fois ou un petit nombre de fois à une dose assez forte de rayons X. Ce sont surtout les malades soumis temporairement à ces radiations qui y sont exposés, et, dans les premiers temps de ce mode de traitement, les mécomptes étaient fréquents, parce qu'on ne savait ni doser l'agent thérapeutique ni en circonscrire le champ d'application. Aussi, M. A. Buguet écrivait-il, en 1906 : « Jusqu'ici les victimes des rayons X sont vraisemblablement plus nombreuses que les définitives guérisons qu'ils ont données dans les affections graves. »

Ces accidents de traitement ne sont plus à redouter, aujourd'hui. Les radiodermites aiguës n'ont aucune gravité aux mains des praticiens mieux éclairés, qui les voient venir et appliquent sans retard le remède le plus sûr, qui consiste tout simplement à suspendre l'application des rayons X.

Quant aux praticiens eux-mêmes, ils n'ont pas la même ressource, et, s'ils ne prennent pas des précautions minutieuses, le maniement journalier des rayons X se traduit chez eux par les lésions caractéristiques de la radiodermite chronique.

La peau rougit, puis devient violacée. Le derme perd sa souplesse et s'épaissit, la flexion des doigts est gênée, l'épiderme se fendille. Les poils tombent, les ongles se cassent dans le sens de la longueur. Plus tard, des crevasses s'ouvrent, se creusent et s'ulcèrent. L'ulcération, très douloureuse, s'étend en profondeur et en largeur. On arrive généralement à les guérir temporairement par un traitement occlusif constant, mais les cas sont nombreux où les lésions ne s'arrêtent pas là, et des complications fréquentes font insensiblement passer la radiodermite chronique à l'état de tumeur maligne et de cancer. Dans ce cas, l'amputation de la région atteinte est jusqu'ici le seul remède connu; encore est-il nécessaire de pratiquer l'opération assez tôt pour enrayer les progrès du mal. Radiguet, le constructeur parisien bien connu (on peut voir son nom inscrit sur plusieurs des instruments représentés dans cet ouvrage) a payé de sa vie ses recherches sur la technique radiologique. L'influence des mystérieux rayons, dont les effets physiologiques étaient encore mal définis, avait provoqué d'abord de la desquamation, puis une véritable désorganisation des tissus qui, partant des extrémités digitales, avait ensuite gagné les bras. L'ablation des membres malades ne suffit pas à arrêter la généralisation néoplasique, et l'effroyable fin de Radiguet en fait un martyr de la science nouvelle.

Les ravages causés par les rayons X s'étendent à la plupart des organes, dont ils troublent le développement ou paralysent les fonctions. Le foie irradié détermine des perturbations dans la nutrition; la sécrétion lactée de la glande mammaire est diminuée; mais le fait qui a le plus frappé les biologistes est la susceptibilité toute particulière des cellules de la lignée sexuelle : l'action funeste des rayons X va jusqu'à entraîner la stérilité définitive.

Fig. 63. — Masque et tablier protecteurs.

Il suit de là que la pratique de la radiologie exige les plus grandes précautions. Il a fallu imaginer des appareils protecteurs qui préviennent les accidents auxquels s'exposent l'opérateur et le sujet soumis à la radioscopie, à la radiographie ou à la radiothérapie.

La radioscopie est particulièrement dangereuse pour les yeux.

L'observateur doit toujours porter des lunettes ou des lorgnons à verres spéciaux rendus complètement opaques aux rayons X par une dose suffisante de sels de plomb. On y ajoute souvent, sur les côtés, des joues en plomb empêchant l'action latérale des radiations. Il faut

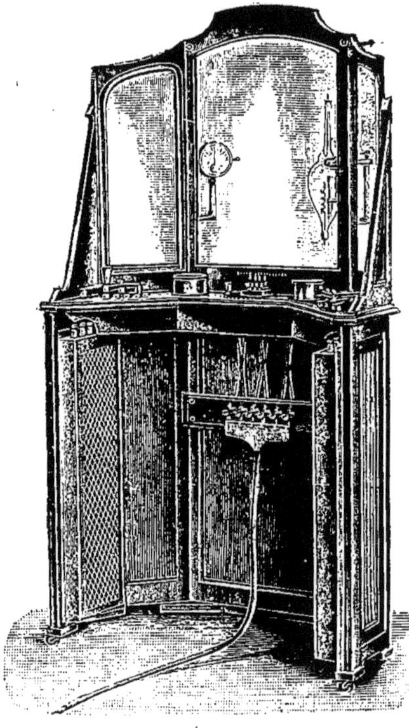

Fig. 64. — Cabine radiologique protectrice, vue du côté du malade.

Fig. 65. — Cabine radiologique protectrice, vue du côté de l'opérateur.

également faire usage de gants protecteurs, en tissu doublé épais : entre les deux tissus sont intercalées des feuilles de plomb ou une matière quelconque opaque aux rayons X, épousant la forme des doigts dans toutes les positions et assurant aux mains une immunité absolue. Ces gants sont surtout recommandés en radioscopie, car c'est là que le médecin expose le plus ses mains, en déplaçant le malade devant l'ampoule ou en maintenant l'écran.

On confectionne aussi des tabliers en étoffe souple caoutchoutée métallisée, pour garantir la poitrine, le ventre et les jambes. Un masque, de même étoffe, achève de donner à l'opérateur l'aspect d'un chevalier du moyen âge, tout bardé d'une lourde armure (fig. 63).

On arrive plus commodément au même résultat, en disposant entre l'observateur et l'écran fluorescent une glace épaisse en verre dense. La cabine radiologique protectrice (fig. 64 et 65) a la forme d'un paravent, construit en acajou et en glaces, supportant tous les appareils de commande du cabinet radiologique. Les glaces sont à base de plomb et permettent à l'opérateur placé dans la cabine

Fig. 66. — Localisateurs en verre.

de voir le malade et de suivre le fonctionnement de ses différents instruments sans être exposé à l'action d'aucune radiation nuisible. Toutes les autres parties de la cabine sont doublées intérieurement de feuilles de plomb.

Il faut également assurer la protection du sujet soumis aux rayons X, en limitant leur action aux parties du corps sur lesquelles il est nécessaire de les faire agir. Le localisateur Radiguet (fig. 66) est une cupule en verre opaque aux rayons X dans laquelle se place le tube radiogène. On y adapte des ajutages de formes différentes, suivant qu'il s'agit d'utiliser un faisceau de radiations large ou étroit. La fig. 67 représente le pied-support du localisateur. La base de la cupule porte un rebord qui vient s'encastrer dans la planchette qui termine le support et en assure la fixation rigide. Toutefois, il est possible de donner à l'ensemble de la cupule et de l'ampoule un mouvement de rotation autour de l'axe du faisceau de radiations, afin d'éviter que les tubes par lesquels passent les électrodes ne viennent à se trouver trop près du malade. Au-dessous de la plan-

chette est fixé un cercle en bois auquel peuvent s'adapter des
diaphragmes en plomb, percés d'un trou central plus ou moins

Fig. 67. — Pied support d'ampoule pour localisateur.

étroit, ou des filtres constitués par des feuilles d'aluminium. Pour les
applications radiothérapiques, deux orifices sont ménagés dans les

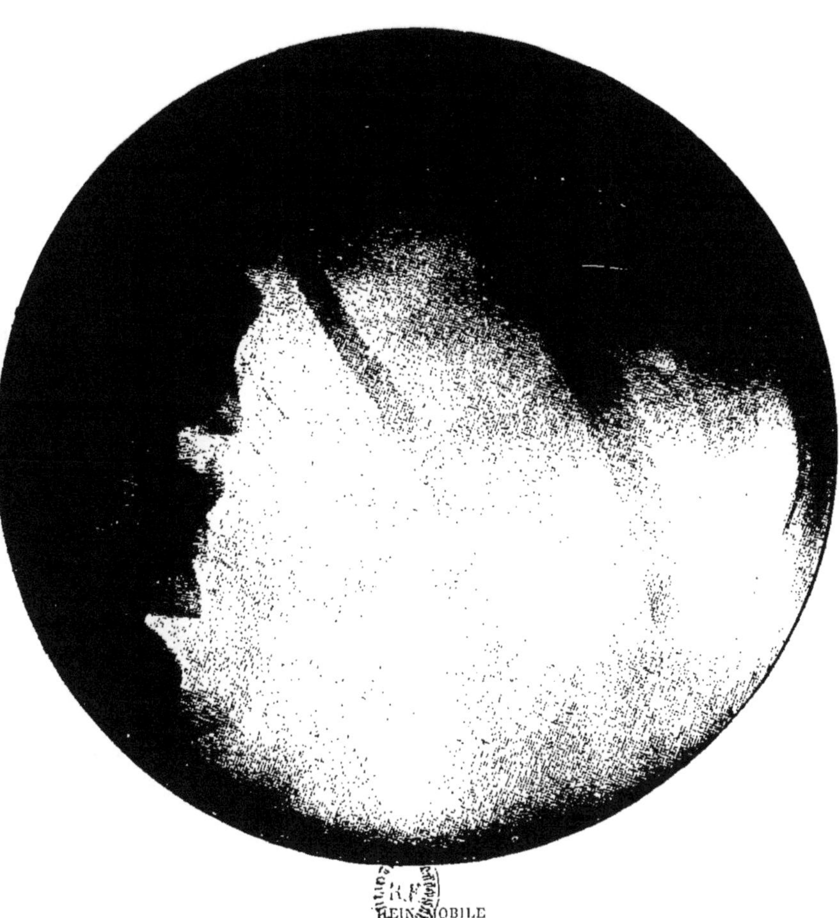

oblique en bas et en dedans, d'après une radiographie du Dr J. Belot.

parois de la cupule : l'un laisse passer le porte-pastille de Sabouraud et Noiré ; l'autre, fermé d'ordinaire par un bouchon opaque, est destiné aux mesures pratiquées suivant la méthode fluorométrique du Dr Guilleminot.

La fig. 68 reproduit en coupe un localisateur Ducretet, constitué par une gaine hémisphé-rique en matière caout-choutée, souple et imper-méable aux rayons X. Elle s'adapte à l'ampoule radiogène et peut rece-voir divers diaphragmes de même matière ou des tubes (figurés en B) en verre au plomb d'ouver-tures différentes.

A défaut de localisa-teur, on y supplée en protégeant les parties saines du sujet, au moyen de plomb laminé mince ou d'étoffes spéciales fourrées de plomb.

Le radiolimitateur-com-presseur du Dr Bergonié assure une localisation très précise. Sur les pieds lourds P P (fig. 69)

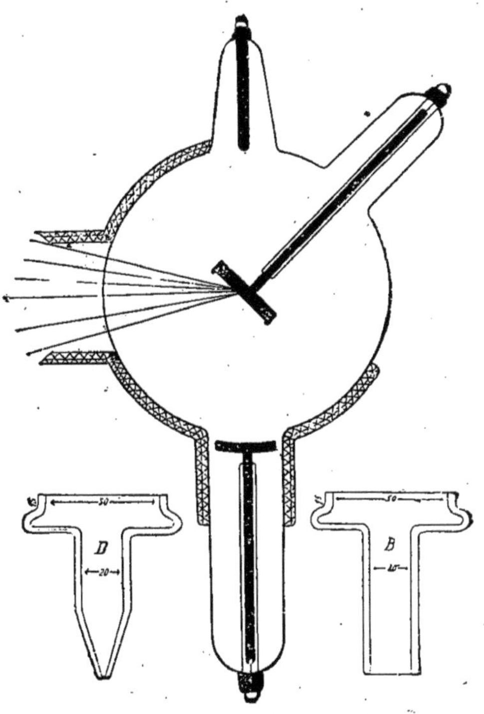

Fig. 68. — Localisateur souple.

sont montées deux tiges verticales T T', dont l'une est divisée en centimètres. Des douilles glissent à frottement doux le long de ces tiges sur lesquelles on peut les fixer solidement par les vis V'. Dans deux autres douilles montées à centre sur les premières glisse à frottement doux une tige transversale cylindrique qui peut être immobilisée au moyen des vis à poignées V. Au milieu de cette tige est fixé un large cylindre en laiton L portant à sa partie inférieure une couronne en acajou munie d'un bourrelet en caoutchouc creux C. La longueur de la tige transversale est telle que l'on peut placer les pieds P P de part et d'autre d'un lit ou d'une table d'opérations,

13

quelle qu'en soit la largeur. Par le jeu combiné des diverses articulations, on peut amener rapidement la couronne caoutchoutée C en
contact intime avec une partie quelconque du corps du sujet; la
pression nécessaire sur cette partie du corps est assurée par le poids

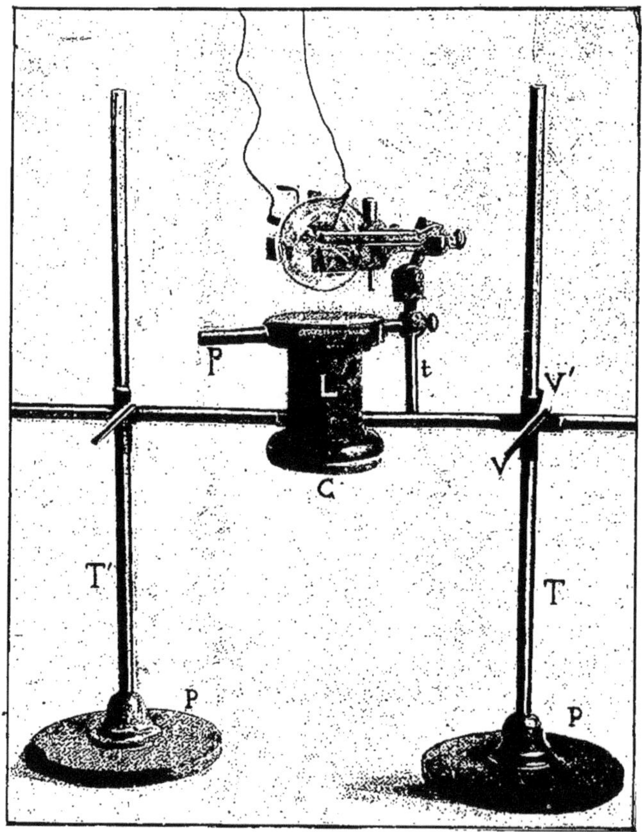

Fig. 69. — Radiolimitateur compresseur du Dr Bergonié.

assez considérable de l'appareil. Le cylindre métallique L localise
sur la région comprimée les rayons X émis par le tube serré dans
la pince Pi. Cette pince est articulée de telle sorte que l'on puisse
donner à l'ampoule, quelles que soient sa forme et ses dimensions,
une position assurant le placement exact de son centre d'émission
de rayons X dans l'axe du cylindre L. Ce réglage est complété au

moyen d'un diaphragme à très petit trou central placé à la partie
supérieure de L.

2. — X-radiothérapie.

Malgré l'action nocive de la lumière intense, il existe des méthodes curatives basées sur les propriétés des radiations lumineuses.

Fig. 70. — Type d'installation avec tableau de commande mural.

Les hygiénistes ont reconnu depuis longtemps la vérité du vieil
adage italien : *Dove non entra il sole, entra il medico* (là où n'entre pas le soleil, entre le médecin). Cependant, la thérapeutique
solaire est d'invention toute récente. On la doit, en grande partie,
au médecin danois Niels-Ryberg Finsen. Les rayons rouges sont
employés à hâter la réparation des radiodermites et à empêcher la
formation des cicatrices qui persistent après la variole; les rayons
bleus sont appliqués au traitement des névralgies, et l'ultra-violet
est le meilleur remède d'un grand nombre d'affections cutanées.
Ces méthodes sont désignées sous le nom générique de *radiothérapie.*

De même, les rayons X, si dangereux qu'ils soient sous certains rapports, sont susceptibles de rendre de précieux services dans des cas déterminés et d'amener un réel soulagement, sinon la guérison complète de diverses maladies : c'est la *X-radiothérapie.*

L'action destructive qu'exercent ces rayons sur certaines cellules a permis de les appliquer avec succès à la cure des tumeurs. On les utilise dans le traitement du lupus et dans différentes manifestations locales de la tuberculose, telles que les adénites et les tumeurs blanches osseuses. On ne peut malheureusement pas affirmer, malgré des cas isolés d'amélioration, que la tuberculose pulmonaire soit guérissable par les rayons X.

Les cures radiothérapiques intéressent un grand nombre d'affections de natures diverses, mais jusqu'ici elles ont été particulièrement remarquables dans les affections superficielles.

Le Dr Bordier a obtenu la guérison radicale et facile de l'acné et de la couperose du visage, affections qui résistent si obstinément à toute médication et qui faisaient auparavant le désespoir des médecins... et surtout des malades. Appliqués à certaines formes d'eczéma chronique, les rayons X ont amené une notable amélioration, là où avaient échoué les traitements médicaux et l'effluviation électrostatique ou de haute fréquence. Sur ce terrain, la X-radiothérapie semble n'avoir point de rivale.

La teigne cède complètement, en moins de 15 jours, après une seule séance de traitement à dose massive, soit 4 à 5 H (unités de Holtzknecht). Il faut encadrer chaque plaque de teigne d'un écran de plomb, pour protéger les parties saines. Sept jours après, environ, un érythème fugace se déclare, et, le quinzième jour, les cheveux tombent. Dix à douze semaines après l'opération, la repousse commence.

On procède de même, dans tous les cas où l'épilation est l'objet principal du traitement. Pour obtenir une épilation définitive, il suffit de traiter plusieurs repousses successives. Schiff et Freund, qui ont pratiqué les premiers l'épilation par les rayons X, préfèrent cette méthode à l'électrolyse.

Les régions profondes de l'organisme sont difficilement accessibles, parce que même les rayons les plus pénétrants sont arrêtés ou transformés en grande partie par les premiers tissus qu'ils rencontrent. Cependant, la X-radiothérapie a été essayée avec succès dans le traitement des tumeurs de l'abdomen et de l'engorgement des ganglions.

Le cancer est plus réfractaire qu'on l'avait d'abord espéré. Avec le temps, des récidives sont survenues et ont démontré la rareté des guérisons radicales. Les cas d'amélioration sérieuse sont eux-mêmes très rares. Pourtant, malgré ces déconvenues, les radiations

Fig. 71. — Type d'installation avec cabine radiologique.

émises par l'ampoule de Crookes sont encore le remède le plus efficace, le plus spécifique que l'on connaisse jusqu'ici pour combattre le cancer non soumis à l'opération chirurgicale ou les récidives de cancers opérés. Il est vrai que certaines formes du cancer restent absolument rebelles à l'action des rayons X; il y en a aussi qui ne guérissent que momentanément; mais il y en a qui sont définitivement détruits sans récidive par la radiothérapie.

En général, les cancers superficiels, ceux qui ne dépassent pas le derme, constituent les cas les plus favorables au traitement. Quand la tumeur est plus profonde, les échecs sont aussi fréquents que les succès, et, même lorsque le chirurgien a mis à nu le néoplasme, de manière à favoriser l'action des radiations, celles-ci peuvent encore rester impuissantes.

Les tumeurs du sein sont celles qui se trouvent le plus favorable-

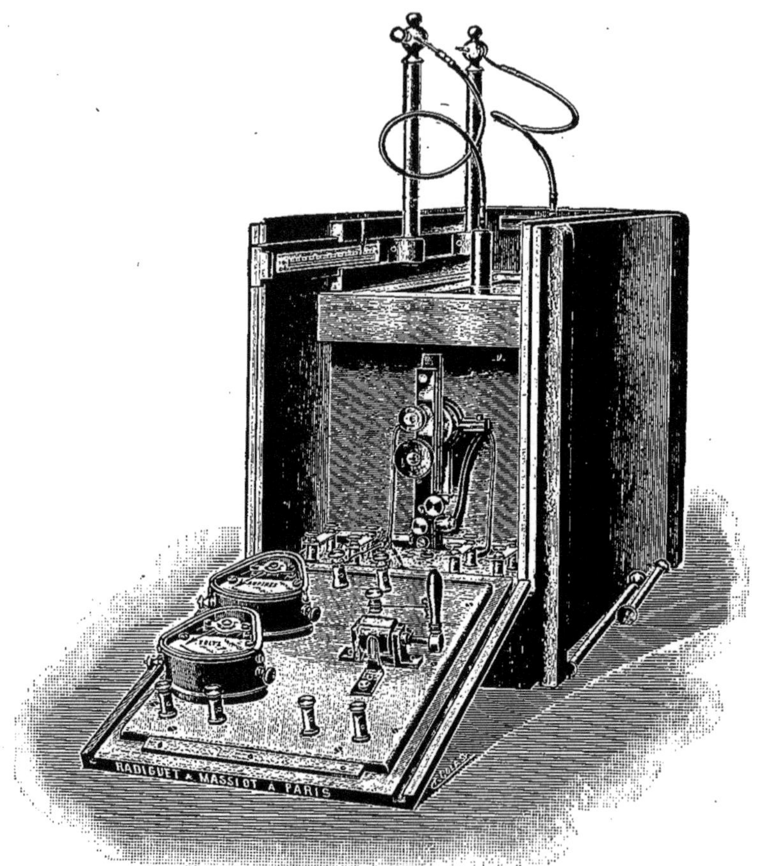

Fig. 72. — Matériel radiologique transportable, pour traitement à domicile.

ment influencées par les rayons X. On ne les guérit pas toujours, mais on gagne toujours quelque chose à les traiter ainsi. Au contraire, les tumeurs des muqueuses (lèvres, langue, anus, etc.) sont plus rebelles à la radiothérapie, bien que les cas de guérisons ne soient pas rares, surtout quand on les traite dès le début.

L'action bienfaisante des rayons X s'exerce surtout dans le trai-

tement de la *leucémie*. Le sang contient normalement, par millimètre cube, environ 7.000 globules blancs et 600 fois plus de globules rouges. L'augmentation du nombre des globules blancs est
le symptôme caractéristique de la maladie qui vient d'être nommée.
Cette affection, rebelle à tous les médicaments, a trouvé dans la
radiothérapie un agent curateur d'une efficacité certaine. Le traitement est facile : on soumet à des rayons durs et filtrés à travers des
lames métalliques la région splénique, les ganglions lymphatiques,
le sternum, l'épiphyse des os longs, les genoux et les coudes.
Chaque séance amène d'abord une augmentation temporaire des
globules blancs; cette augmentation est ensuite de plus en plus
petite, et la diminution qui se produit après quelques séances ramène les globules blancs à la teneur normale.

CHAPITRE VIII

1. — Découverte de la radioactivité.

Dès 1896, Henri Poincaré, supposant que la fluorescence de l'ampoule de Crookes était la cause excitatrice des rayons X, se demandait si tous les corps dont la luminescence est suffisamment intense n'émettent pas aussi des radiations analogues à celles que venait de découvrir Röntgen.

Les recherches ultérieures, la construction des tubes à foyer de platine devaient démontrer que la production des rayons X n'est pas liée à la fluorescence, et même qu'une luminescence abondante est l'indice d'une forte absorption qu'il convient d'éviter si l'on veut obtenir d'un tube radiogène tout ce qu'il peut donner. Cependant, si erronée qu'elle fût, l'hypothèse de Poincaré devait se montrer singulièrement féconde.

Henri Becquerel eut, en effet, l'heureuse inspiration de vérifier si les sels d'uranium, dont la fluorescence était connue de longue date, n'émettaient pas des rayons X. L'expérience réussit à souhait : une plaque photographique enveloppée de papier noir fut impressionnée par les sels fluorescents et fournit un cliché comparable aux radiographies ordinaires. Becquerel reconnut aussi que cette propriété n'appartient pas exclusivement aux sels fluorescents d'uranium : les sels non fluorescents de ce métal, et l'uranium lui-même, la possèdent également, et leur activité radiogène est proportionnelle à leur teneur en uranium, quelle que soit la forme sous laquelle cet élément est engagé. Cette activité se manifeste non seulement par l'impression photographique mais encore par la conductibilité électrique communiquée à l'air ambiant. Cette propriété permet de mesurer l'activité du composé essayé, par la vitesse de décharge d'un corps électrisé à un potentiel déterminé. La fig. 73 représente l'appareil employé à cet effet. Deux plateaux métalliques a et b sont disposés horizontalement l'un au-dessus de

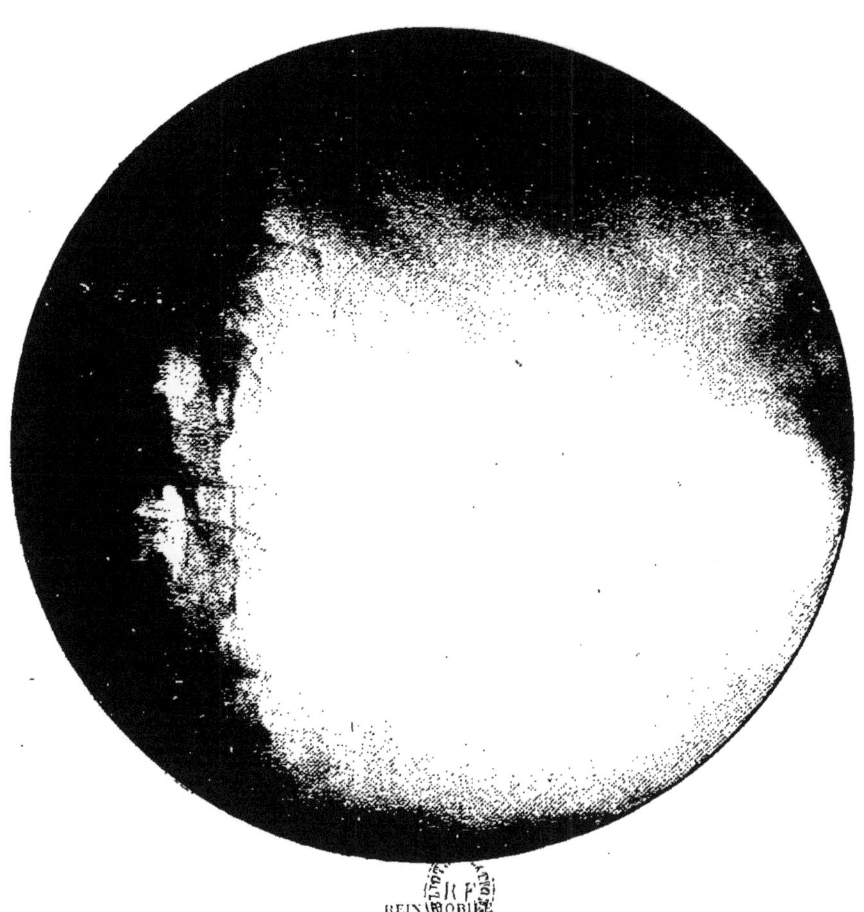

oblique en bas et en dehors, d'après une radiographie du Dr J. Belot.

l'autre. Le plateau supérieur est relié à la cage A ; l'autre communique avec un petit électroscope à feuille d'or, par une tige *t* que maintient un bouchon isolant *i*. On charge l'électroscope par le bouton extérieur C : la feuille d'or *f* dévie, et sa déviation reste constante. Mais, si l'on introduit par la porte *p* une substance active, et si on la place sur le plateau *b*, l'électroscope se décharge d'autant plus rapidement que la substance est plus active. On voit alors la feuille d'or se déplacer lentement, jusqu'à reprendre la position verticale.

Deux ans plus tard, en 1898, M. Schmidt et Mme Curie remarquèrent qu'un autre corps, le thorium, présentait des propriétés semblables à celles de l'uranium. Des mesures méthodiques entreprises par Mme Curie lui montrèrent que l'activité de certains minéraux dépassait de beaucoup celle qu'on aurait dû attendre d'après leur teneur en uranium ou en thorium. L'anomalie provenait-elle de la présence, à doses infimes, d'un élément encore inconnu ? La recherche de ce corps hypothétique fut l'œuvre de Pierre Curie, de Mme Curie et de M. Bémont, qui parvinrent à isoler deux nouvelles substances un ou deux millions de fois plus actives que l'uranium : le *polonium*, voisin du

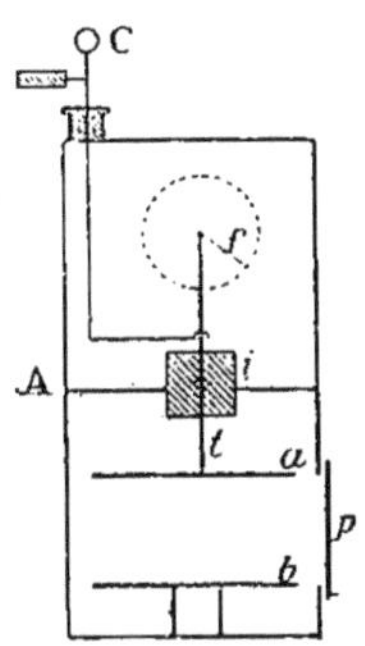

Fig. 73. — Appareil pour la mesure de la radioactivité.

bismuth, et le *radium*, voisin du baryum. En 1899, M. Debierne séparait l'*actinium*, que l'on peut rapprocher des terres rares.

Le nom de *radioactivité* a été donné au pouvoir que possèdent ces corps d'émettre spontanément et d'une façon continue des radiations de même nature que celles dont nous avons constaté la production dans l'ampoule de Crookes.

Si l'on approche d'un électroscope chargé un tube de verre contenant un dixième de milligramme de radium, on voit les feuilles d'or, primitivement écartées, retomber verticales : l'air rendu conducteur a mis la charge de l'électroscope à la terre. Le même fragment de radium impressionne les plaques photographiques, même à travers le papier, le bois, les feuilles métalliques minces, comme le feraient les rayons de Röntgen les plus pénétrants (fig. 74). Cette force de pénétration rend même difficiles certaines radiographies. Ainsi, on ne pourrait pas reproduire par ce moyen le squelette de la main, parce que les os seraient trop facilement traversés et se distingueraient mal des chairs (voir planche XI). Mais, pour des différences d'opacité plus marquées, par exemple, si l'on prend pour sujet d'expérience une bourse en cuir contenant une pièce de monnaie ou un bijou, on obtient une épreuve assez vigoureuse.

Les écrans fluorescents s'illuminent, sous l'action des sels de radium, mais bien plus faiblement qu'avec les rayons de Röntgen.

Fig. 74. — Prise d'une radiographie de la main à l'aide d'un fragment de radium.

Le radium détermine certaines actions chimiques : le phosphore blanc est transformé en phosphore rouge, la topaze blanche passe au rouge orangé, le quartz noircit.

Les corps radioactifs provoquent, enfin, comme les rayons X, de graves perturbations dans l'organisme. H. Becquerel ayant conservé pendant deux heures dans la poche de son gilet un fragment de radium enfermé dans un tube de verre scellé, vit se produire, une quinzaine de jours plus tard, un érythème suivi d'ulcération, dont la guérison fut très lente. Curie eut également à la main une ulcération analogue.

La radiation qu'émet le radium est complexe. Elle se propage en ligne droite, ne se réfléchit pas et ne se réfracte pas; mais, lorsqu'elle est placée dans un champ magnétique, elle se partage en trois groupes, en trois faisceaux doués de propriétés différentes et que Rutherford a désignés sous les noms de *rayons* α, *rayons* β et *rayons* γ. Pour les étudier séparément, on place un fragment de sel de radium dans un godet de plomb, et on l'approche d'un aimant. Le flux hétérogène est alors scindé comme le montre la fig. 75, le pôle nord de l'aimant étant supposé en avant du plan de notre dessin, et le pôle sud derrière le godet de plomb.

Les rayons α se comportent, dans le champ magnétique, comme de petits projectiles lancés à la vitesse de 10.000 kilomètres par seconde et chargés d'électricité positive. Ils sont donc analogues aux rayons-canaux qui, dans l'ampoule de Crookes, sont émis par l'anode. Leur masse est de l'ordre de grandeur d'un atome d'hydrogène : en fait, ce sont des atomes d'hélium.

Les rayons β, déviés en sens inverse des précédents et plus fortement qu'eux, sont des projectiles chargés d'électricité négative et animés d'une vitesse qui peut atteindre et dépasser 250.000 kilomètres par seconde. Ce sont des électrons, dont la masse est environ 2.000 fois plus petite que celle d'un atome d'hydrogène. Ils sont donc analogues aux rayons cathodiques.

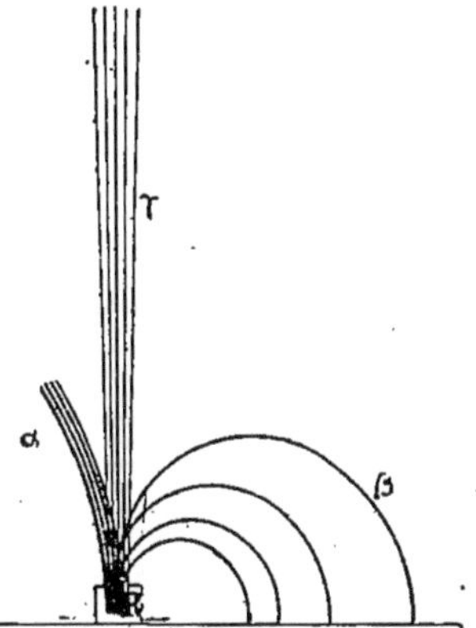

Fig. 75. — Action d'un champ magnétique sur les différents rayons du radium.

Les rayons γ sont assimilables aux rayons de Röntgen : l'aimant ne les dévie pas; ils traversent les corps sous une grande épaisseur et sont les plus pénétrants des trois sortes de rayons. Ce sont eux qui forment la plus faible partie du rayonnement total, tandis que la majeure partie en est constituée par les rayons α.

A ce triple rayonnement s'ajoute une émission continue de lumière et de chaleur. Chaque gramme de radium dégage 2 calories par minute, c'est-à-dire assez de chaleur pour élever de 2 degrés dans ce même temps, un poids d'eau égal au sien.

Si étranges qu'aient d'abord paru tous ces phénomènes, la radioactivité n'est pas une anomalie dans la nature; c'est une propriété très répandue, peut-être même universelle, de la matière. Les recherches récentes ont montré qu'il n'existe aucun corps qui ne manifeste une très légère radioactivité; il est vrai que rien ne permet encore de décider si cette propriété est spécifique, ou si elle tient à la présence de corps étrangers.

Pour expliquer ce dégagement spontané et continu d'énergie, les physiciens ont multiplié les théories. Une seule a survécu, celle de la *désintégration atomique*. L'atome radioactif est un système complexe en équilibre instable, et l'analyse chimique fait voir qu'en se désagrégeant, il se transforme en un corps nouveau, qui évolue à son tour et subit des métamorphoses successives, jusqu'à donner naissance à un atome stable. La durée de cette évolution varie avec chaque corps radioactif, mais elle reste toujours la même pour un corps déterminé. Prenons, par exemple, le radium : un milligramme contient un milliard et demi de milliards d'atomes; à chaque seconde, quinze millions de ces atomes font explosion, si bien qu'au bout de 2.000 ans environ, la masse primitive sera réduite de moitié.

La même évolution exigerait des millions de siècles, pour les corps relativement stables, comme l'uranium, tandis qu'elle se réduit à quelques instants pour certaines substances radioactives qui ne font qu'apparaître pour se transformer, comme l'émanation du thorium, dont la vie ne dure que 53 secondes.

Il ne peut pas entrer dans le plan de ce livre de suivre dans leurs transformations, pourtant si curieuses, les matières radioactives. Nous n'en avons esquissé une étude succincte qu'en raison de leurs analogies avec les phénomènes provoqués par le passage de la décharge électrique dans les gaz raréfiés. C'est aussi en raison de ces analogies que nous allons brièvement en énumérer les applications.

2. — Applications de la radioactivité.

L'extrême rareté du radium ne permet pas de l'employer pratiquement en radiographie et en radioscopie, même dans les cas qui comporteraient l'emploi de radiations aussi pénétrantes que les rayons γ. La faible quantité dont disposent la plupart des laboratoires ne suffit pas à illuminer brillamment un écran fluorescent, à moins toutefois que la surface en soit très réduite; c'est ainsi que le Dr Guilleminot a choisi le radium pour étalon de fluorescence de son *M-Fluoromètre*.

La radiographie est plus facilement accessible, puisqu'il suffit de

PLANCHE XI.

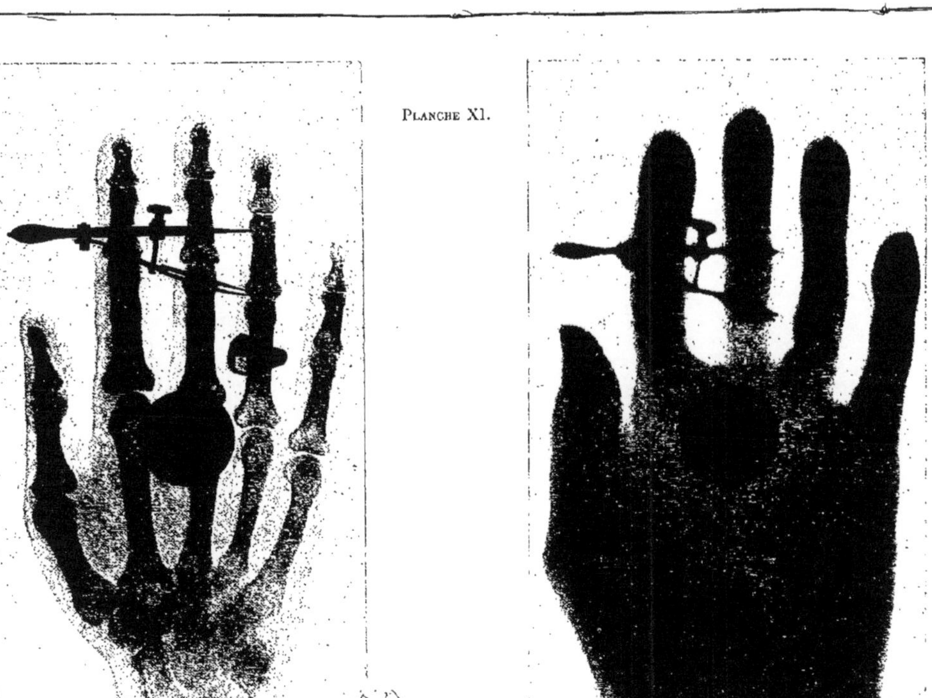

Radiographies d'un même sujet
obtenues à l'aide des rayons X (à gauche) et des rayons γ du radium (à droite).

prolonger la pose. Il faut avoir soin d'éliminer, par des écrans de plomb ou par un aimant, les rayons α et β, qui donneraient du flou (fig. 76). On peut d'ailleurs exécuter des radiographies avec des corps radioactifs beaucoup moins rares et beaucoup moins coûteux que le radium. Ainsi, les radiations émises par le nitrate d'urane impressionnent les plaques au gélatinobromure dans l'obscurité, malgré l'interposition de plusieurs épaisseurs de papier, et même à travers une feuille mince de métal. Le temps de pose

Fig. 76. — Radiographie au radium. Défaut de netteté dû à la présence des rayons α et β.

est de 2 à 8 jours, suivant la quantité d'uranium utilisé, suivant la distance qui le sépare de la plaque sensible et suivant l'opacité de l'écran interposé.

Les sels de thorium agissent de même. M. Mercanton a fait connaître un moyen très simple d'obtenir des impressions radiographiques. Un fragment de manchon de bec Auer, déjà brûlé ou, ce qui est plus commode, non encore brûlé (ce qui permet de le tailler aux ciseaux) est appliqué sur la couche sensible d'une plaque photographique, dans un châssis-presse ordinaire. Le châssis est laissé dans l'obscurité, pendant 90 heures en cas de contact direct, et 170 heures si l'on a interposé entre la gélatine et la source radioactive une feuille de papier noir ou deux feuilles d'aluminium battu. Au développement, on obtient une reproduction très nette du tissu.

La brûlure accidentelle de H. Becquerel, volontairement renouvelée par Curie sur lui-même, a mis en lumière l'action physiologique du radium. Ç'a été le point de départ de la *radiumthérapie,* qui est maintenant une branche importante de la radiologie médicale. Il va sans dire que, dans la pratique, on se tient toujours bien au-dessous des durées d'application où l'influence des radiations risque de devenir dangereuse ou simplement nuisible.

Les rayons α s'arrêtent dans les premières couches de l'épiderme. Les rayons β sont plus pénétrants, mais traversent les corps inégalement. Les rayons γ ont une facilité de pénétration attestée par ce fait que les os irradiés ne projettent point d'ombre sur la plaque photographique. En s'infiltrant ainsi dans les tissus, ces rayons en modifient profondément l'évolution et la structure. Ils ramènent les cellules pathologiques, vouées à une dégénérescence morbide certaine, à un état voisin des cellules qui se trouvent chez l'enfant. C'est un véritable rajeunissement que cette *régression,* ce retour des tissus vers l'une des phases de leur évolution première.

Pour traiter un organe malade, on se sert de toiles enduites d'une pâte au sulfate de radium. Ces toiles ne sont pas directement appliquées sur la peau du malade; on a soin d'interposer des lames métalliques plus ou moins épaisses qui filtrent les rayons plus ou moins pénétrants et régularisent le rayonnement. Dans certains cas, cependant, les sels de radium sont injectés dans les tissus ou introduits dans l'organisme par électrolyse.

Parmi les affections susceptibles d'être guéries par la radiumthérapie, il faut citer les nœvi vasculaires ou taches de vin, le lupus, les difformités produites par le rhumatisme articulaire. L'émanation du radium est également favorable au traitement de la tuberculose et de la débilité de l'organisme. Mais c'est surtout dans le traitement des tumeurs malignes que la radioactivité a montré ses vertus curatives. Les résultats déjà acquis permettent d'affirmer que le cancer n'est pas incurable. Le Dr H. Dominici a obtenu, non seulement l'arrêt d'accroissement, mais encore la disparition de véritables cancers occupant les sièges les plus différents. Il faut cependant reconnaître que certaines tumeurs malignes sont demeurées complètement réfractaires. Quoi qu'il en soit, la radiumthérapie, cette science née d'hier, se montre déjà féconde en résultats inespérés.

La radioactivité de certaines eaux minérales a jeté un nouveau jour sur des anomalies restées inexpliquées jusqu'à ces derniers temps. Ces eaux ont des propriétés thérapeutiques certaines, mais qui ne s'exercent que lorsqu'on les absorbe peu après leur sortie de la source. Il en est ainsi, notamment, pour les eaux de Plombières, en France, et de Bad-Gastein, en Autriche. MM. Moureu et Lepape ont établi que l'efficacité de ces eaux thermales peu minéralisées tient à la proportion d'émanation radioactive qui s'y trouve dissoute. Leurs propriétés sont essentiellement fugaces, et déjà réduites de moitié, quatre jours après l'embouteillage. Il s'agissait de conserver à ces eaux leurs vertus curatives, ou de les régénérer. Le problème a été résolu pratiquement par MM. Jaboin et Baudoin, qui ont rendu l'eau de Bussang artificiellement radioactive par addition de bromure de radium soluble.

Ces applications des rayons X spontanément émis par les corps radioactifs ne pourront que s'étendre, à mesure que leur action sera mieux étudiée, et surtout à mesure que l'on disposera d'une plus grande quantité de radium. A l'heure actuelle, il n'en existe pas 20 grammes à l'état isolé dans le monde entier, et la plupart des médecins qui l'utilisent en sont réduits à en louer 1 ou 2 milligrammes.

Le radium se trouve inclus dans divers minerais, mais principalement dans la pechblende, où il est associé à l'uranium, au bismuth, au plomb, au cuivre, etc. La pechblende de Joachimstal, en Bohême, est la plus riche en radium, mais le gouvernement autrichien s'en est réservé l'exploitation, et il faut maintenant recourir à des minerais plus pauvres, qui proviennent de Madagascar, du Tonkin et surtout du Portugal. Le traitement en est très long et très complexe, car, en partant d'une tonne de pechblende, il faut employer 50 tonnes d'eau et 5 tonnes de produits chimiques divers, pour recueillir finalement, sur un verre de montre, quelques gouttes de liquide tenant en dissolution 2 à 5 centigrammes de bromure de radium. Tout le labeur d'une usine qui traite annuellement plusieurs centaines de tonnes de pechblende aboutit

15

à la production d'une pincée de sel spontanément lumineux dans l'obscurité et dont la radioactivité est deux millions de fois supérieure à celle de l'uranium pur. Ce minuscule résidu, bromure ou chlorure de radium, vaut aujourd'hui 400.000 francs le gramme.

TABLE DES MATIÈRES

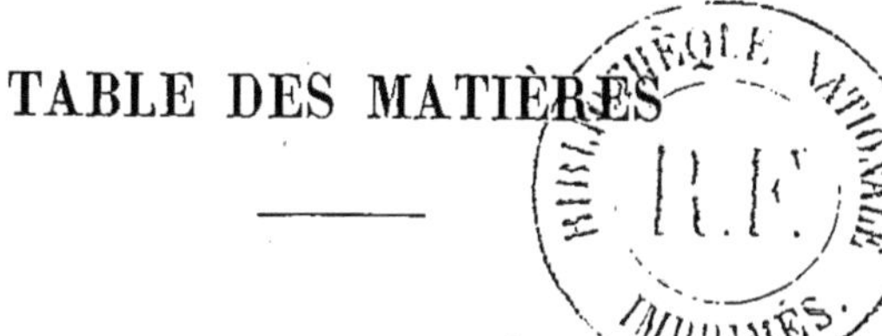

CHAPITRE PREMIER

DÉCOUVERTE DES RAYONS X.

CHAPITRE II

NATURE DES RAYONS X.

CHAPITRE III

PRODUCTION DES RAYONS X.

CHAPITRE IV

MESURE DES RAYONS X.

CHAPITRE V

RADIOSCOPIE.

CHAPITRE VI

RADIOGRAPHIE.

CHAPITRE VII

ACTION PHYSIOLOGIQUE DES RAYONS X.

CHAPITRE VIII

LES RAYONS X DES CORPS RADIOACTIFS.

TYPOGRAPHIE FIRMIN-DIDOT ET Cie. — MESNIL (EURE).

T. S. F.

LA
TÉLÉGRAPHIE SANS FIL
LA TÉLÉPHONIE SANS FIL
APPLICATIONS DIVERSES

par

G.-E. PETIT
Ingénieur des Postes et Télégraphes
Directeur technique
de la Compagnie Générale Radiotélégraphique

Léon BOUTHILLON
Ingénieur des Postes et Télégraphes
Chargé du service
de la Télégraphie sans fil

Préface par le Professeur **A. D'ARSONVAL**, *Membre de l'Institut*

DEUXIÈME ÉDITION ENTIÈREMENT REFONDUE CONTENANT LES INÉDITS :

1° La Convention radiotélégraphique Internationale ;
2° Le Règlement de service annexé ;
3° L'Instruction à l'usage des stations radiotélégraphiques.

Un vol. in-8°, illustré de 185 figures, br. . . . **7 50** — Toile . . . . **9** »

LA LUMIÈRE

par A. TURPAIN
Professeur à la Faculté des Sciences de Poitiers

C'est le résultat de toutes les observations qui ont été faites sur les phénomènes lumineux. Jamais le sujet n'avait été traité avec autant d'ampleur de précision et de simplicité et dans un esprit aussi marqué de vulgarisation.

PRINCIPAUX CHAPITRES :

Les premiers pas de la Lumière. — Ombres. — Reflexions. Instruments d'optique. — Jeux de la lumière dans l'atmosphère. — La vision et ses défauts. — Cinématographie. Sources artificielles de lumière. — Photographie. — La lumière et la vie. — La vie de la lumière. — La lumière ensemence les mondes, etc.

Un vol. in-8° soleil, 136 dessins et photographies, br. **7 50**
Relié toile, tranches dorées . . . . **10** »

TYPOGRAPHIE GAUTHERIN, PARIS.